Lubov Wenger

Skręcający charakter czasu

Lubov Wenger

Skręcający charakter czasu

Wydawnictwo Bezkresy Wiedzy

Imprint
Any brand names and product names mentioned in this book are subject to trademark, brand or patent protection and are trademarks or registered trademarks of their respective holders. The use of brand names, product names, common names, trade names, product descriptions etc. even without a particular marking in this work is in no way to be construed to mean that such names may be regarded as unrestricted in respect of trademark and brand protection legislation and could thus be used by anyone.

Cover image: www.ingimage.com

Publisher:
Wydawnictwo Bezkresy Wiedzy
is a trademark of
International Book Market Service Ltd., member of OmniScriptum Publishing Group
17 Meldrum Street, Beau Bassin 71504, Mauritius

Printed at: see last page
ISBN: 978-620-0-54287-8

Drogi czytelniku,

książka, którą posiadasz, została pierwotnie wydana pod tytułem

"Торсионная природа времени",

ISBN 978-613-9-44312-3.

Jego publikacja w języku polskim jest możliwa dzięki zastosowaniu najbardziej zaawansowanej sztucznej inteligencji dla języków.

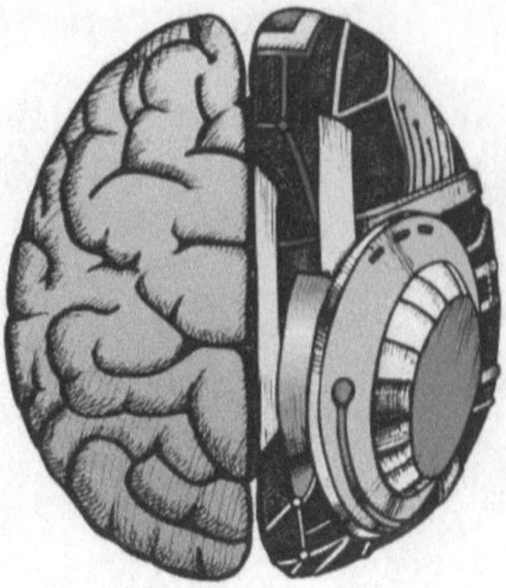

Technologia ta, uhonorowana pierwszą w historii Honorową Nagrodą Sztucznej Inteligencji w Berlinie we wrześniu 2019 r., naśladuje sposób działania ludzkiego mózgu, dzięki czemu jest w stanie uchwycić i przetłumaczyć nawet najmniejsze niuanse w bezprecedensowy sposób.

Mamy nadzieję, że znajdą Państwo wiele satysfakcji z tej książki i uprzejmie prosimy o uwzględnienie wszelkich rozbieżności językowych, które mogłyby wyniknąć z tego procesu.

Miłego czytania!

IMPRINT NAME

Streszczenie

Problem czasu jest jednym z najtrudniejszych problemów filozofii i nauk przyrodniczych. Podnieca ona umysły wybitnych naukowców od dwóch i pół tysiąca lat. Arystoteles i Heraklit, Parmenid i Zenon z Elei, Epikur, Leibniz i wielu współczesnych filozofów i fizyków było zaangażowanych. Ale mimo tak długiej historii, nauka czasu nie wyszła poza idee Arystotelesa. Fakt ten wskazuje, że w klasycznych pomysłach naukowych nie da się wyjaśnić zjawiska czasu. Dlatego też autor zwrócił uwagę na nowe podejścia i koncepcje zarysowane w teorii próżni fizycznej i w teorii pól skrętnych. W świetle tych teorii analizowane są fakty naukowe i doczesne reprezentacje filozofii i fizyki, w szczególności mechanika przyczynowa N.A.Kozyriewa. Uzyskane dane wskazują, że czas ma charakter skrętny i jest obiektem dziesięciowymiarowego świata.

Spis treści

Streszczenie ... 3
WNIOSEK ... 7
WPROWADZENIE ... 9
Literatura ... 12
Rozdział 1: Główne przepisy teorii próżni fizycznej i teorii pola toru ... 13
1.1 Warunki wstępne dla tworzenia nowych teorii fizycznych ... 13
1.2 Podstawowe pojęcia nowych teorii fizycznych ... 13
1.3. siedmiopoziomowy system wszechświata ... 14
1.4 Scenariusz narodzin materii z próżni ... 16
1.5. Fitonowy model Próżni Fizycznej autorstwa A. E. Akimova. ... 17
1.6 Właściwości pól skrętnych ... 20
1.7. Skręcająca natura świadomości ... 22
Literatura ... 23
Rozdział 2: Pola Thorus i FILOSOFICZNA KATEGORIA CZASU ... 24
2.1 Ruch ... 24
2.2 Formacja ... 28
2.3. "Numer policzony" przez Arystotelesa. ... 30
Literatura ... 33
Rozdział 3: Pola Thorus i KATEGORIA FIZYCZNA CZASU ... 34
3.1 Czas w mechanice Newtona. ... 34
3.2 Czas w teorii względności Einsteina. ... 35
3.3 Czas w mechanice przyczynowej Kozyriewa ... 36
3.3.1. Istota mechaniki przyczynowej Kozyriewa ... 37
3.3.2 Eksperymenty z żyroskopem ... 41
3.3.3 Procesy nieodwracalne ... 42
3.3.4. Gwiazdy podwójne. ... 44
3.3.5. Sygnały z przyszłości ... 45
3.3.6. Światowa asymetria. ... 47
Literatura ... 49
Rozdział 4. TRZECI ŚRODKI CZASOWE ... 51
4.1 Wskazania dotyczące skręcającego charakteru czasu ... 51
4.2 Mechanizmy skrętne procesu przejściowego ... 52
Rozdział 5. DOWODY SKRĘCAJĄCE ... 55
5.1 Czas biologiczny ... 55
5.2 Czas psychologiczny ... 56
5.3 Czas socjalny ... 57

5.4 Czas i informacje ... 58
Literatura ... 61
PODSUMOWANIE ... 62
ZAŁĄCZNIKI ... 65
1. Istnieją inne prawa w mikroświecie ... 65
Literatura ... 73
2. Pamięć Anatolija Jewgienijewicza Akimowa ... 75
FAITNESS ... 85

WNIOSEK

Kategoria czasu jest jedną z najbardziej podstawowych kategorii filozofii i nauk przyrodniczych. Znalezienie właściwości rzeczywistości, które odzwierciedla ta kategoria, jest poważnym problemem naukowym. Ten problem nazywa się "problemem czasu". Polega ona na wyjaśnieniu natury czasu i znaczenia pojęć charakteryzujących relacje czasowe. Pojęcia tego typu obejmują "przeszłość", "teraźniejszość", "przyszłość", "przepływ czasu", "kierunek czasu", "formowanie", "jednoczesność" i inne. Bardzo trudno jest naukowo zdefiniować te pojęcia.

Ponadto, trudność polega na tym, że nie ma widocznego (intensywnego) pojęcia "czasu". Kiedy wymawia się jakieś słowo, to tak, jakby jednocześnie pokazywać temat, który jest przez to słowo wskazany. Specyfika czasu polega na tym, że w świecie obiektywnym nie istnieje żaden zmysłowo postrzegany obiekt, na który można wskazać i powiedzieć: "to jest czas".

Problem czasu od ponad 2,500 lat hamuje ludzki umysł. Zajmowali ją wybitni myśliciele, filozofowie, teologowie i fizycy różnych epok. Tak więc największy filozof i myśliciel starożytnej Grecji Arystoteles od czterech wieków p.n.e. pisał, że wśród nieznanych w otaczającej nas przyrodzie "najbardziej nieznany jest czas, bo nikt nie wie, co to jest czas i jak nim zarządzać".

Błogosławiony Augustyn ponad 1600 lat temu podkreślił: "Mówimy do siebie: czas i czas, czas i czas. Nic nie wydaje się bardziej zrozumiałe i zwyczajne, ale w międzyczasie nie ma w zasadzie nic bardziej niezrozumiałego i intymnego i trudniejszego do przemyślenia. Dopóki nie zapytano mnie o czas, wiem o nim wszystko, ale jak tylko zapytano mnie o czas, to okazuje się, że nic o nim nie wiem.

Wielu naukowców uważało, że czas jest wielką tajemnicą. Więc, H. Lippencott napisał, "Tajemnica czasu to rzecz nieuchwytna. Czas jest czymś, co jest poza zasięgiem wiedzy. Nie możemy go zobaczyć, nie możemy myśleć o nim, nie możemy poczuć jego substancji w jego zwykłej formie, ani wyobrazić sobie jego natury. Wszyscy myśliciele w każdym wieku nie mogli zrozumieć tej wielkiej tajemnicy - czasu".

Jeden ze współczesnych amerykańskich filozofów badających pojęcie czasu, A. Gunn, stwierdził: "Obszar czasu jest pełen metafizycznych zagadek, śliskich stoków, filozoficznych bagien". Sowiecki akademik AE Fersman zauważył: "Trudno sobie wyobrazić prostszą i jednocześnie bardziej skomplikowaną koncepcję niż obecnie.

Stare przysłowie mówi: "Nie ma na świecie nic piękniejszego, bardziej złożonego i niezwyciężonego niż czas".

A. P. Levich, wybitny rosyjski naukowiec, szef seminarium Moskiewskiego Uniwersytetu Państwowego im. Łomonosowa "Czas w historii naturalnej" powiedział: "Czas jest jednym z niewielu nieuchwytnych stworzeń świata, który jest tak samo nieuchwytny i pozostający poza kontrolą ludzkiej woli, jak ich dalecy poprzednicy".

Szczególne miejsce w badaniach nad problemem czasu zajmują dzieła wybitnego niemieckiego logika i filozofa XX wieku, w ostatnich latach profesora Uniwersytetu Kalifornijskiego w USA Hansa Reichenbacha. Zauważył on również, że natura czasu nie jest zrozumiała. Badał ilościowe i jakościowe (topologiczne) właściwości przestrzeni i czasu, opracował teorię przyczynowo-skutkową czasu itp. Czas jawi mu się jako pewien "przepływ, który porządkuje wydarzenia świata fizycznego, który przepływa przez ludzką świadomość i zmusza go do dostosowania się do tego porządku". I nie możemy pozbyć się tego nieubłaganego strumienia, który nieustannie płynie przez nas z przeszłości do przyszłości.

Należy podkreślić, że filozof G. Reichenbach doszedł do wniosku, że tylko fizyka będzie w stanie w przyszłości rozwiązać problem czasu: "Nie ma innych sposobów na rozwiązanie problemu czasu niż metody fizyki. Fizyka jest o wiele bardziej związana z naturą czasu niż inne nauki. Jeśli istnieje rozwiązanie filozoficznego problemu czasu, to jest ono ustalone w równaniach fizyki matematycznej. Mówiąc dokładniej, można powiedzieć, że rozwiązania należy szukać między liniami badań fizycznych".

W artykule tym autor próbuje wyjaśnić naturę czasu z punktu widzenia najnowszych teorii fizycznych: Teorii Próżni Fizycznej G. I. Shipova i Teorii pól skrętnych A. E. Akimova.

Lubow Andriejewna Wenger
Ukraina, Odessa
Grudzień, 2018.

WPROWADZENIE

Idea czasu ma długą historię, a jej korzenie sięgają wieków. Żadna ludzka cywilizacja nie przeoczyła pojęcia "czasu". Co więcej, w różnych kulturach językowych przodkowie współczesnego słowa "czas" są podobni do siebie. Na przykład sanskrycki "vartman", indoeuropejski "uertman", protosłowiański "vrtmen", starosłowiański "czas", staroroysjski "czas", białoruski "urema", maloruski "czas", bułgarski "czas", serbsko-chorwacki "vrêma", słoweński "vrêma" są bardzo podobne [1].

W języku rosyjskim słowo "czas" ma miejsce od staroruskiego "czasu" który z kolei prowadzi początek od starosłowiańskiego "czasu" i jeszcze dalej przodka prasłowiańskich "vrtmen" [1, 2] czyli "obrót", "kolovravlenie". Indo-europejską podstawą dla tych słów był "uertman", podobny do sanskryckiego "vartman", co oznacza "ścieżkę", "tor", "ślad koła" [1, 3, 4]. Stąd oryginalnym znaczeniem słowa "czas" jest "obrót", "obracanie", "cyrkulacja", "powtarzalność".

W naukach starożytnych myślicieli i filozofów czas był przedstawiany jako bieganie w kręgu. Symbolem starożytnego indyjskiego postrzegania czasu było koło jako stały cykl narodzin i śmierci. W tradycji starożytnych Chin czas jest cyklicznym ciągiem epok, dynastii i panowania [5].

Przez cały czas naukowcy starali się zdefiniować czas, wyrazić go za pomocą innych pojęć. Ale wszystkie próby doprowadziły do logicznego zamknięcia: czas został określony za pomocą koncepcji, które zawierały, w sposób wyraźny lub domyślny, tymczasowe reprezentacje. W tym samym czasie, większość starożytnych myślicieli trzymała się widoku czasu jako biegu w kręgu.

Arystoteles powiązał czas z ruchem: "Czas to najprawdopodobniej ruch." W swoim traktacie "Fizyka" dowodzi on, że ruch ten musi istnieć zawsze i być nieustanny, tj. wieczny [6]. Dalej pokazuje, że ze wszystkich ruchów tylko ruch okrężny może być wieczny: "Ze wszystkich ruchów pierwszy jest ruchem okrężnym. Jest to ruch okrężny, który jest jeden i ciągły, a nie ruch po linii prostej, ponieważ linia prosta określa zarówno początek i koniec, jak i środek, i zawiera wszystko, tak że jest miejsce, od którego ruch się zaczyna i gdzie się kończy. Przecież w końcowych punktach, skąd pochodzi ruch i dokąd zmierza, wszystko spoczywa... Cyrkulacja jest miarą ruchu i miarą wszystkiego innego. W rezultacie Arystoteles zdefiniował czas jako "liczbę ruchów" lub "liczbę do odczytu". Według wielu współczesnych badaczy Arystoteles w rozumieniu przestrzeni, czasu i ruchu wzniósł się ponad naturalną historię XVIII-XX wieku. a wiele z jego poglądów nie wygląda na przestarzałe nawet dzisiaj [7].

W przeciwieństwie do Arystotelesa, Platon wierzył, że istnieje tylko wieczność, ponadczasowa egzystencja, a czas jest tylko obrazem wieczności [8]. Niektórzy badacze uważają, że piramidy egipskie są "majestatycznymi pomnikami *zatrzymanego* czasu" [5].

Bliska arystotelesowskiej interpretacji czasu dała greckim filozofom idealistom Damę (III wiek) i Proklusa (V wiek). Zapora definiuje czas jako "życie ducha w ruchu" [8]. Czas Prokla jest związany z rotacją: "Czas nie jest jak linia prosta rozciągająca się w nieskończoność w obu kierunkach. Jest on ograniczony i opisuje krąg. Ruch czasu łączy koniec z początkiem, a dzieje się to niezliczoną ilość razy. Dzięki temu czas jest nieskończony" [4].

Galileo, Kopernik i J. Bruno również wiązali czas z ruchem: "Czas jest absolutną formą istnienia materii, organicznie związaną z jej ruchem" [9].

Newton rozpoznał absolutny czas i absolutną przestrzeń, czas trwania netto i długość netto, które istnieją niezależnie od człowieka i są wolne od wypełniającej je materii [3].

Teoria względności Einsteina ściśle łączyła czas z przestrzenią, ruchem i masą. Czas stał się zależny od szybkości materii. W procesie dalszego rozwoju nauki zaczęto łączyć pojęcie czasu z wyższymi cechami ruchu, koncepcją entropii, porządku, z topologicznymi właściwościami przestrzeni i czasu [9-12]. Niektóre z nich zostaną omówione w następnych rozdziałach.

Tak więc, idea czasu sięga ponad 25 wieków wstecz. Wielu starożytnych filozofów i myślicieli kojarzyło naturę czasu z ruchem obrotowym. Ale mimo tak długiej historii, w nauce czasu, od Arystotelesa po współczesnych badaczy, jest wiele pytań. Uważamy, że byłoby właściwe zacytować niektóre z nich.

1. czy czas należy do sfery celu, czy też jest to tylko sfera subiektywna? (Arystoteles)

2. Jaka jest natura czasu? Czy czas jest określony przez duchowy fundament czy przez naturę samego świata materialnego? (Arystoteles)

3) Czy czas jest podstawową własnością, częścią rzeczywistego świata zewnętrznego? Czy też jest to własność lub strona ludzkiej działalności, funkcjonowanie jego świadomości? [13].

4. Czy czas jest samodzielną jednostką wraz z systemami materialnymi, czy też jest dla nich czymś wtórnym? [13].

5. Czy czas ma jeden wymiar, czy jest bytem wielowymiarowym? [13].

6. Czy czas jest taki sam dla wszystkich poziomów struktury świata materialnego (mikro, makro i megamir)? [13].

7. Czy czas jest przerwany czy ciągły? [13].

8. Jaka jest przyczyna zmienności świata? [14].

9. Jaki jest związek pomiędzy czasem i przyczynowością? [14].

10. Skąd bierze się sekwencja zdarzeń? [14].

11. Jak porównać zmianę liczby? [14].

12. Czy w ludzkim ciele znajduje się specjalny organ, który może odbierać czas? [11].

To tylko niewielka część pytań o problem z czasem. Rozwiązanie tego problemu może zająć więcej niż jedno pokolenie naukowców. Można jednak śmiało powiedzieć, że wśród tych kwestii pierwszorzędne znaczenie ma charakter czasu. Przede wszystkim konieczne jest zrozumienie natury tego zjawiska.

Fakt, że w tak długiej historii nauki, zwłaszcza filozofii i fizyki, nie udało się wyjaśnić zjawiska czasu, sugeruje, że w ramach istniejących idei naukowych nie jest to w ogóle możliwe. Wydaje się, że do wyjaśnienia zjawiska czasu i jego natury potrzebne są inne naukowe podejścia oparte na głębszym teoretycznym zrozumieniu porządku światowego. Naszym zdaniem są to Teoria Fizycznej Próżności G. I. Shipova i Teoria Pola Skrętu A. E. Akimova, które pojawiły się pod koniec XX wieku [15, 16].

Po raz pierwszy w historii nauki zostało ściśle dowiedzione i opisane równaniami matematycznymi istnienie najwyższego poziomu rzeczywistości i nowego obiektu fizycznego - daleko idącego pola skrętnego. Wiele naukowych faktów zarówno z zakresu filozofii jak i fizyki pokazuje, że czas należy do tych wyższych poziomów rzeczywistości i ma skręcającą naturę. Dlatego też właściwe i aktualne jest zbadanie zjawiska czasu w ramach tych nowych teorii fizycznych. Najpierw jednak należy zastanowić się nad istotą samych teorii i ich głównych zapisów bezpośrednio związanych ze zjawiskiem czasu.

Literatura

1. Preobrazhensky A. G. Etymologiczny Słownik Języka Rosyjskiego. Reprodukowane w latach 1910-1914. T. 1. Moskwa: Państwowe Wydawnictwo Słowników Obcych i Narodowych, 1959. - – 718 c.

2. Tsyganenko G. P. Słownik Etymologiczny języka rosyjskiego. C: Cieszę się, że cię widzę, 1989. - – 511 c.

3. Spytaj Ya. F. Problem z czasem. M.: Myśl, 1966. - – 200 c.

4. Czernina A. D. Fizyka czasu. Moskwa: Nauka, 1987. - – 222 c.

5. Gurevich A. Я. Time as a Problem of Cultural History // Problems of Philosophy, 1969, No. 3, s. 105-116.

6. Arystotelesie. Pisma. Przy 4 tonach. T. 3. Fizyka. Moskwa: Myśl, 1981. - – 614 c.

7. Kovalev SN, Gige A. V. Zjawisko czasu i jego interpretacja. Charków: Collegium, 2004. - – 428 c.

8. Kazaryan V. P. Pojęcie czasu w strukturze wiedzy naukowej. Moskwa: Wydawnictwo Moskiewskiego Uniwersytetu Państwowego, 1980. - – 176 c.

9. V. Svidersky. E. Przestrzeń i czas. Filozoficzny esej. Moskwa: Państwowe Wydawnictwo Literatury Politycznej, 1958. - – 198 c.

10. Reichenbach G. Philosophy of Space and Time. Moskwa: Postępy, 1985 - 344 s.

11. Mospanenko A. N. Problem uniwersalności podstawowych właściwości przestrzeni i czasu. L.: Nauka, 1969. - – 230 c.

12. Kozyriew N.A. Mechanika przyczynowa lub asymetryczna w podejściu liniowym. Pulkovo, 1958. - – 90 c.

13. Mołczanowa Yu. B. Cztery pojęcia czasu w filozofii i fizyce. Moskwa: Nauka, 1977. - – 192 c.

14. Konstrukcje czasu w naukach przyrodniczych: na drodze do zrozumienia zjawiska czasu. Część 1. Badania interdyscyplinarne: Gromadzenie prac naukowych. Moskwa: Wydawnictwo Moskiewskiego Uniwersytetu Państwowego, 1996. - – 304 c.

15. G.I. Shipov. Fizyczna teoria próżni. Moskwa: Nauka, 1997. - – 450 c.

16. Akimov A. E. Obraz fizyki i techniki na początku XXI wieku. M.: Rekin, 1999. - – 90 c.

Rozdział 1: Główne przepisy teorii próżni fizycznej i teorii pola toru

Starożytni filozofowie Wschodu twierdzili, że istnieje Wielka Pustka, z której wszystko się rodzi i do której wszystko wraca. W nauce Wielka Pustka odpowiada koncepcji Próżnia Fizyczna, która pojawiła się na początku XX wieku. W teorii względności Einsteina, próżnia jest czasoprzestrzenią, obdarzoną właściwościami sprężystymi. Jeśli włożysz do niego masę, to się wypaczy. Nawet promień światła w pobliżu Słońca jest odbijany przez siły grawitacji.

A. Dirac uważał, że wahania występują w każdym punkcie Próżni, rodzą się pary elektronowo-pozytonowe, jak również pary innych cząstek. To są wirtualne cząsteczki. Przez jakiś czas istnieją one w naszym obserwowalnym świecie, a następnie unicestwiają i przechodzą do Próżnicy, Wielkiej Pustki. Ten pogląd o próżni istniał przed Teorią Próżności Fizycznej.

1.1 Warunki wstępne dla tworzenia nowych teorii fizycznych

Aby zjednoczyć różne idee dotyczące Próżnia i stworzyć jedną teorię, która opisywałaby grawitację i elektromagnetyzm za pomocą jednego równania, na początku XX wieku A. Einstein zaproponował program Ujednoliconej Teorii Pola (ETP). Spędził ponad 35 lat swojego życia szukając rozwiązania tego problemu. Należy zauważyć, że pomimo tego, że Einstein nie rozwiązał zadania, jego potężna intuicja nie zawiodła go tym razem. Takie pole istnieje i zostało odkryte przez genialnych rosyjskich naukowców G.I. Shipova i A.E. Akimova.

1.2 Podstawowe pojęcia nowych teorii fizycznych

Г. I. Shipov rozwiązał zadania postawione przez A. Einsteina krok po kroku. W 1988 roku zaproponowali oni nowe podstawowe równania fizyki opisujące strukturę próżni fizycznej. W przeciwieństwie do Einsteina, który użył jednego równania, Shipov zaproponował układ trzech nieliniowych równań różniczkowych pierwszego rzędu. Są to równania geometryczne Einsteina dla ciał makroskopijnych, Yang-Millsa dla mikrocząstek i Heisenberga dla pól kwantowych. Ponadto zastosowano inną geometrię i zwiększono liczbę współrzędnych.

Tak więc, trójwymiarowa przestrzeń Newtona ma trzy współrzędne (x, y, z) i jest obdarzona geometrią Euklidesa. Przestrzeń teorii względności Einsteina jest czterowymiarowa (x, y, z, ct), zakrzywiona i opisana przez geometrię Roman. G.I.Shipov wszedł poza znanymi czterema współrzędnymi jeszcze sześć dodatkowych (trzy rogi Eulera i trzy pseudoewklidovyh), a geometria Roman została zastąpiona geometrią absolutnego równoległościanu lub geometrią Weitzenbek'a, która opisuje przestrzeń ruchów obrotowych. W tych warunkach rozwiązaniami układu równań były znane pola grawitacyjne i elektromagnetyczne, a także nieznane pole - pole skrętne lub pole skrętne. W odróżnieniu od pola grawitacyjnego, które jest generowane przez krzywiznę przestrzeni, pole skrętne jest generowane przez skręcanie przestrzeni. A. E. Akimov stworzył genialną Teorię pól skrętnych, opartą na fitonowym modelu próżni fizycznej. Tak więc program Teorii Zunifikowanego Pola rozrósł się do Teorii Próżni Fizycznej i Teorii Pola Skręcającego [1-3]. Pojedynczym nośnikiem wszystkich pól jest Próżnia Fizyczna, a wszystkie pola (grawitacyjne, elektromagnetyczne, skrętne) są jego różnymi stanami. Nowe teorie doprowadziły do szeregu konsekwencji, zarówno teoretycznych, jak i praktycznych, i zasadniczo zmieniły naukowe rozumienie otaczającego świata.

1.3. siedmiopoziomowy system wszechświata

Teoria próżni fizycznej na ścisłym poziomie matematycznym symuluje otaczający świat jako siedmiopoziomowy układ wszechświata (Rys. 1).

VII	**Абсолютное Ничто**
VI	**Первичный Вакуум (Первичные торсионные поля)**
V	**Вакуум**
IV	**Плазма**
III	**Газ**
II	**Жидкость**
I	**Твердое тело**

Rys. 1. Siedem poziomów rzeczywistości

Pierwsze cztery poziomy to znane ciała stałe, ciecze, gazy, cząstki elementarne lub plazma. Piąty poziom to Próżnia Fizyczna, która generuje cząstki elementarne, zarówno wirtualne jak i rzeczywiste, z których następnie tworzy się świat materialny. Następują po tym dwa poziomy, z którymi fizyka nie zetknęła się do tej pory. To jest poziom siódmy - Nic Absolutnego i poziom szósty - Podstawowe pole skrętne.

Poziom Absolute Nothing jest opisany równaniami matematycznymi. W teorii próżni fizycznej poziom ten jest przedstawiany jako nieskończona, uporządkowana różnorodność numerowanych punktów o danej geometrii odpowiadającej geometrii równoległości bezwzględnej. Innymi słowy, Absolutne Nic nie jest środowiskiem, które ma program, matrycę możliwości. Matryca ta zawiera strukturę i właściwości wszystkich niższych poziomów rzeczywistości. Możemy powiedzieć, że Absolute Nothing to potencjalnie istniejące plany i możliwości świata. Synonimy Absolutu Nic nie jest Bogiem w chrześcijaństwie, Absolutu u Hegla, Najwyższego Umysłu (Supermindu) w nauce, Parabrahmana, Akaszy, Pralaji we wschodnich doktrynach. Jeśli przejdziemy od pojęcia "substancja - informacja", siódmym poziomem jest Absolutne Nic w sprawie i Absolutne Wszystko w informacji.

Szósty poziom rzeczywistości to podstawowe podciśnienie lub podstawowe pole skrętne (pole informacyjne, pole świadomości, pole wirujące). Poziom ten jest opisany w ścisłych równaniach matematycznych. Jest on wizualnie reprezentowany jako zestaw wirów, wirów kwantowych, które nie mają masy odpoczynku i energii. To jest poziom pola, sprawa jako substancja nie istnieje na tym poziomie. Wiry mają tylko charakterystykę skręcającą, tj. *informację.* W związku z tym wymiana informacji odbywa się tylko między wirami. Szybkość transferu informacji jest równa nieskończoności, tzn. oddziaływanie wirów kwantowych jest natychmiastowe. Patrząc w przyszłość, zauważmy, że ludzka świadomość ma charakter skrętny [4-6] i jest zdolna do interakcji z najwyższymi poziomami rzeczywistości VI i VII, co jest obserwowane w mechanice kwantowej. Dlatego wyższe poziomy rzeczywistości odnoszą się do fizyki subiektywnej.

Na zakończenie tego rozdziału należy podkreślić, że jest to siedmiopoziomowy system Wszechświata opisany w Wedach i innych ezoterycznych źródłach z lat 4000-2000 p.n.e.

Nowe teorie umożliwiły wyjaśnienie wielu zjawisk i faktów z różnych dziedzin nauk przyrodniczych oraz ponowne przemyślenie pochodzenia świata materialnego. Proponują następujący scenariusz narodzin materii z próżni.

1.4 Scenariusz narodzin materii z próżni

Absolutne Nic nie jest podstawą całego świata i organizuje wszystko, co jest możliwe w Przyrodzie. W obecności aktywnego wpływu nadświadomości ("Boskie Pchnięcie", uporządkowanie punktów przestrzeni) rodzi się pierwotne pole skrętne, kwantowe wiry przekazujące informacje z nieskończenie dużą prędkością. Z ośrodka wirów kwantowych rodzi się następny poziom materialny - Próżnia Fizyczna, z której rodzą się cząstki elementarne, ale nie niektóre, ale dość specyficzne zgodnie z informacją podaną przez matrycę możliwych. Ponieważ istnieje aktywna ekspozycja, rodzące się cząsteczki elementarne nie wracają do próżni (Wielka Pustka), lecz pozostają w świecie materialnym, tworząc jądra, atomy, molekuły itp. Ponieważ proces ten jest zdefiniowany przez matrycę, program możliwego poziomu VII, to w Przyrodzie może istnieć nie nieskończona seria atomów, ale dość konkretna, dyskretna. A system okresowy elementów D.I. Mendelejewa jest tego doskonałym dowodem. Historia rozwoju chemii pokazuje, że pierwiastki nie były otwierane w ścisłej kolejności, gdyż znajdują się w tabeli, lecz stopniowo zapełniały przypisane im komórki (wakaty) zgodnie z prawem okresowym (nadanym przez matrycę). Niektóre z nich (Sc, Ga, Ge) zostały najpierw przepowiedziane przez autora Prawa Okresowego, a następnie odkryte znacznie później przez naukowców w różnych krajach.

Z kolei pewien zestaw atomów może wytworzyć dobrze zdefiniowany zestaw złożonych substancji, aż do żywego. A to oznacza, że na poziomach materiałowych (od I do IV) wszystkie rodzaje kombinacji materii są z góry określone. Dlatego też możliwe są tylko dość pewne minerały, substancje nieorganiczne i organiczne, a wreszcie pewne gatunki organizmów żywych i sam człowiek. Tak więc, istnieje linia od matrycy Absolute Nothing Matrix przez pole skrętne, próżnia fizyczna do substancji, plazma, gaz, ciecz, ciało stałe. Ta linia jest ściśle deterministyczna i z góry ustalona. Wszystkie formy żywych i nieumarłych są osadzone w 7-stopniowej matrycy rzeczywistości.

W świetle przedstawionego rozumowania można przyjąć następujący model ewolucji żywej materii i organizmów na jej podstawie (rys. 2). Prawo do istnienia na poziomie materiału ma tylko to, co jest osadzone w matrycach Nicości Absolutnej i może być konsekwentnie realizowane poprzez Podstawowe Pole Skręcające, Próżnia Fizyczna, itp. Najwyraźniej programy dla każdego indywidualnego królestwa (rośliny, zwierzęta, mikroorganizmy) są różne, tzn. każde indywidualne królestwo opracowuje swój własny program. Jednakże, w ramach ujednoliconych programów, każdy gatunek podąża własną ścieżką ewolucyjną wzdłuż swojego indywidualnego (pionowego) łańcucha ewolucyjnego [7]. A. V. Moskovsky [8] sformułował nowe podejście do ewolucji organizmów żywych, zgodnie z którą pojawienie się nowych gatunków żywych nie jest ewolucją od prostej do złożonej, lecz możliwym zapełnieniem wakatów.

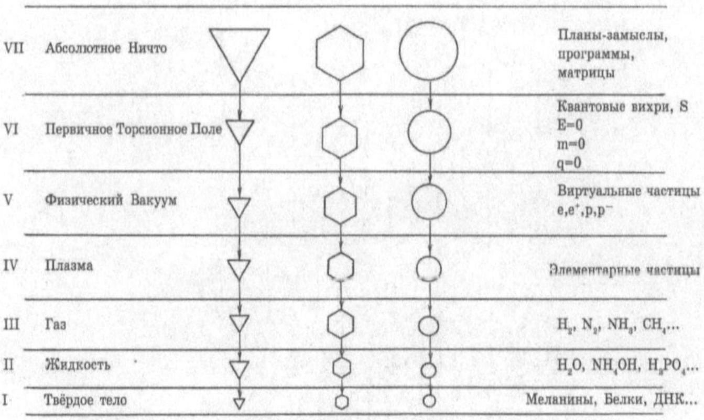

Rys. 2. Model ewolucyjny oparty na teorii próżni fizycznej i teorii pól skrętnych. Rysunki odzwierciedlają matryce-programy rozwoju mikroorganizmów, roślin i zwierząt.

1.5. Fitonowy model Próżni Fizycznej autorstwa A. E. Akimova.

W teorii próżni fizycznej pola skrętne przedstawiane są jako równania matematyczne. Głębokie i wszechstronne badania nowego typu oddziaływań, oddziaływań skrętnych, pozwoliły A. E. Akimowowi stworzyć Teorię Skręcającego Poleya, centralną pozycję, która jest fitonowym modelem Próżnia Fizycznego. Zastosował niezwykłe podejście do samej istoty Próżnia Fizyczna. W przeciwieństwie do swoich poprzedników, którzy postrzegali próżnię jako chaotyczny "wrzący rosół" składający się z wirtualnych cząstek, par elektronowo-pozytonowych, Akimov AE prezentował próżnię w postaci *uporządkowanych* "fitonów", zagnieżdżonych w sobie pakietów pierścieni falowych i samoczynnie kompensowanych przez ładunek, masę i plecy.

Fiton jest niezwykłym dualistycznym obiektem, który łączy w sobie "coś" (właściwości cząstek kwantowych) z "niczym" (skręt czasoprzestrzenny, który określa macierzysty moment obrotu tego obiektu, jego wiry). A wszystkie pola fizyczne (elektromagnetyczne, grawitacyjne, skręcające) są jedynie wzbudzonymi stanami próżni fizycznej odpowiednio na ładunku, masie i plecach [2] (rys. 3 - 6).

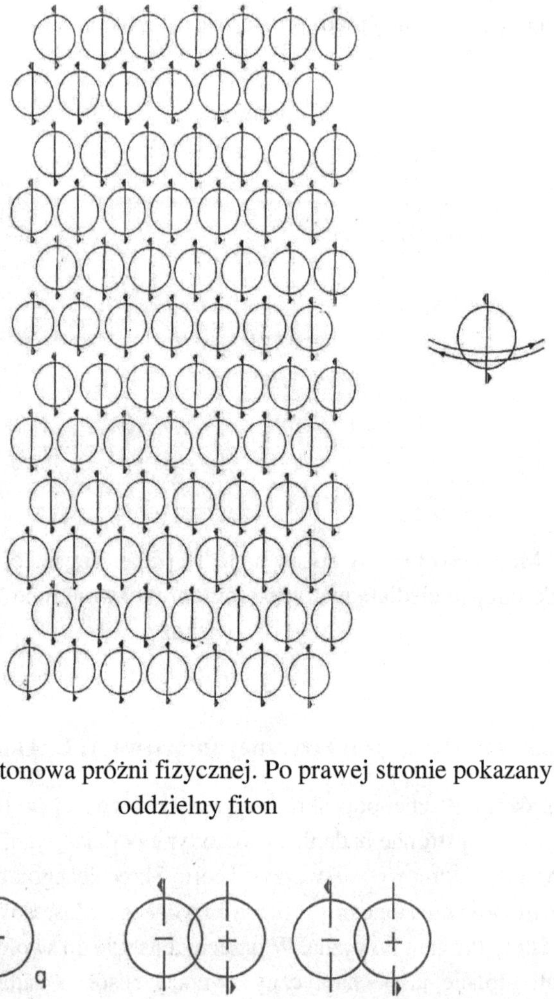

Rys. 3. Struktura fitonowa próżni fizycznej. Po prawej stronie pokazany jest oddzielny fiton

Rys. 4. Polaryzacja ładowania próżni fizycznej

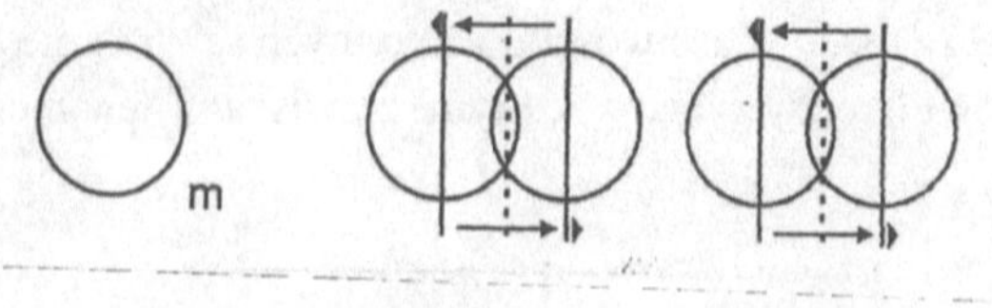

Rys. 5. Polaryzacja grawitacyjna Próżnia fizyczna

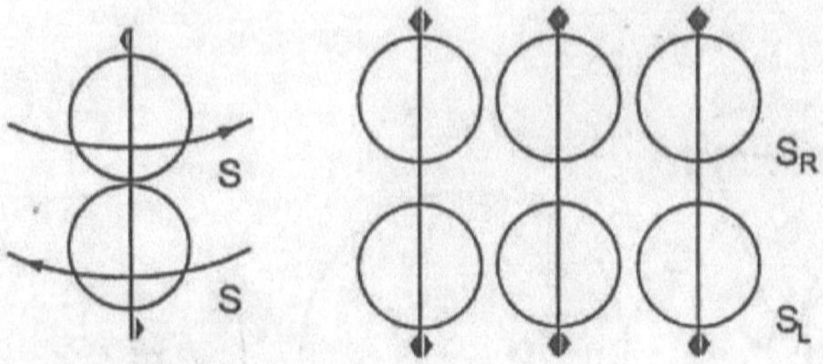

Rys. 6. Polaryzacja spinu próżni fizycznej

Na pierwszy rzut oka może się wydawać, że system fitonowy narusza prawa konserwatorskie, takie jak prawo konserwatorskie pędu, pędu. Jednak w pewnym momencie wielu fizyków zauważyło, że na poziomie subkwantum, czyli systemu fitonowego, obowiązują inne prawa fizyczne. Dlatego na samym końcu tej pracy podajemy Załącznik 1, w którym odzwierciedlone są wypowiedzi znanych naukowców na temat możliwych zmian praw fizycznych w mikroświecie.

Teoria pola skrętnego była przełomem w fizyce teoretycznej. Po raz pierwszy w historii nauki udało się połączyć ducha i materiał, informację i materię. Na podstawie tej teorii opracowano i opatentowano szereg technologii skręcania, które nie mają odpowiedników na świecie i obejmują prawie wszystkie sfery działalności człowieka - energię, transport, komunikację, materiały, biotechnologię, ekologię, rolnictwo, medycynę.

Różnica pomiędzy polem elektromagnetycznym a polem skręcającym jest ogromna. Równania pola elektromagnetycznego są liniowe i zawierają tylko sześć niezależnych składników. Równania pola skrętnego są nieliniowe i zawierają 24 niezależne komponenty. Oznacza to, że właściwości pól skrętnych są znacznie bogatsze, bardziej zróżnicowane i mogą być związane z różnymi zjawiskami fenomenalnymi, w tym z fenomenem czasu.

1.6 Właściwości pól skrętnych

Źródłem pola skrętnego jest klasyczny spin lub kwantowy analog momentu obrotowego. W makroświecie źródłem pola skrętnego są obracające się masy.

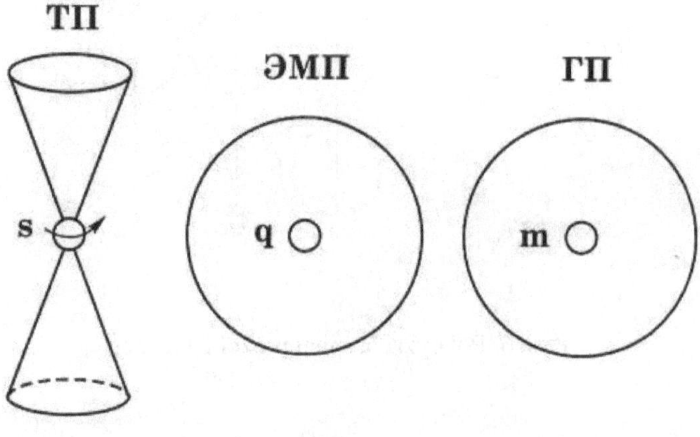

Rys. 7. Struktura pól skrętnych, elektromagnetycznych i grawitacyjnych w pobliżu ich źródeł wytwórczych: spin (s), ładunek (q) i masa (m)

W pobliżu wirującego obiektu pole skrętne jest rozłożone jako dwa przestrzenne stożki o polaryzacji prawej i lewej, tzn. ma symetrię osiową w przeciwieństwie do pól elektromagnetycznych i grawitacyjnych o symetrii centralnej (Rys. 7).

Pole skrętne jest wirem kwantowym czasoprzestrzeni. Przekazuje on informacje bez przekazywania energii. Dlatego też nazywane jest ono również Polem Informacyjnym lub Polem Świadomości. Następnie skupmy się bezpośrednio na unikalnych właściwościach pól skrętnych.

- Pola skrętne są lewe i prawe, w zależności od kierunku tyłu obracającego się obiektu.

- Lewe pola skrętne zwiększają entropię układu fizycznego, powodując jego zniszczenie, natomiast prawe pola przeciwnie, zmniejszają entropię, organizują strukturę układów fizycznych i zwiększają ich stabilność. Dlatego też prawe pola skręcające są użyteczne dla ludzi i innych żywych systemów, podczas gdy lewe są szkodliwe.

- Pola skrętne mają wysoką zdolność penetracji i praktycznie nie są osłonięte przez środowisko naturalne.

- Prędkość transmisji sygnałów skrętnych jest równa nieskończoności, ponieważ są one przesyłane nie z punktu na punkt, ale przez narożniki i natychmiast jakby "pokrywały" całą przestrzeń Wszechświata.

- W przeciwieństwie do elektromagnetyzmu w polach skrętnych, ładunki o tej samej nazwie (lewa-lewa, prawa-prawa) są przyciągane, podczas gdy ładunki o tej samej nazwie są odpychane. To *prawo podobieństwa.*

- Pola skrętne mają symetrię osiową w przeciwieństwie do elektromagnetyzmu i grawitacji o symetrii centralnej.

- Próżnia fizyczna w stosunku do pól skrętnych ma właściwość hologramu.

- Pola skrętne wchodzące w interakcję z jakimś obiektem mogą jedynie zmienić jego strukturę obrotową. Jednak zmiana struktury wirującej w przyszłości może doprowadzić do zmiany charakterystyki energetycznej obiektu.

- Pole elektromagnetyczne zawsze zawiera element skręcający.

- W makroświecie, pola skręcające przejawiają się jako siły bezwładności.

- Kwanty pól skrętnych to bezmasowe neutrina.

- Najbardziej zaskakującą cechą pól skrętnych jest fakt, że mogą one samoistnie się generować, tzn. mogą występować przy braku wirującego źródła. Jest to tzw. "efekt kształtu", znany od czasów wedyjskich. Stożek lub piramida w swoim kształcie zniekształca strukturę rdzeniową próżni fizycznej w swoim otoczeniu, powodując zaburzenia przejawiające się jako pole skręcające. Ponadto nad stożkiem lub piramidą znajduje się pole prawe, a wewnątrz - pole lewe, szkodliwe dla systemów żywych.

- Oprócz pola magnetycznego, magnes posiada również pole skrętne w postaci dwóch stożków: prawego wychodzącego z bieguna północnego magnesu i lewego wychodzącego z bieguna południowego.

- Pola skrętne posiadają własność pamięci, tzn. nadal istnieją i są rejestrowane nawet po zniknięciu lub usunięciu obracającego się obiektu.

- Pola skrętne nie mają energii i nie mogą jej wytrzymać.

- Każdy obiekt bez wyjątku ma swoje własne pole skrętne w postaci *aury*. Dla obiektów biologicznych nazywało się to *polem biologicznym*.

1.7. Skręcająca natura świadomości

Na początku ubiegłego wieku Niels Bohr zasugerował, że przyszła fizyka powinna uwzględniać świadomość jako rzeczywistość fizyczną. Przez długi czas próby podejmowane przez naukowców nie dawały na to nadziei. Stanowisko to zostało określone przez oczywisty fakt. Mianowicie: wiele zjawisk związanych ze świadomością, ani w agregatach, ani nawet oddzielnie, nie znalazło żadnych opisów na ścisłym poziomie naukowym. I tylko grupa rosyjskich naukowców na czele z naukowcem A. E. Akimovem urzeczywistniła pomysł Bohra. Na podstawie prac, które zostały przeprowadzone wspólnie z psychologami i specjalistami w zakresie wyższej aktywności nerwowej, stwierdzono, że nośnikiem ludzkiej świadomości są pola skrętne: "Świadomość jako struktura funkcjonalna obejmuje mózg i spolaryzowaną fizycznie próżnię w przestrzeni w pobliżu mózgu" [3, 4, 9, 10]. Świadomość i materia były kategoriami nierozłącznymi. Świadomość działa jako mediator, który łączy wszystkie pola świata materialnego i subtelnego.

Rosyjscy fizycy A.E. Akimow i G.I. Shipov po raz pierwszy w historii nauki światowej nie tylko połączyli, ale naukowo udowodnili jedność ideału i materiału, substancji i informacji, Ducha i Materii. Przed nimi takie próby podejmowali inni naukowcy, szczególnie wśród biologów i fizyków. Najjaśniejszym prekursorem tego kierunku był największy naukowiec XX wieku, laureat Nagrody Nobla w 1937 roku w dziedzinie fizjologii i medycyny, amerykański biofizyk Albert St. György. Jako pierwszy zwrócił uwagę, że drogą do wiedzy jest uwzględnienie zjawisk występujących w świecie elektronicznym.

Inny niezwykły amerykański biofizyk Arthur M. Young nadał pierwszoplanową rolę w zjawiskach życia kwantowi pola elektromagnetycznego, fotonom, który nazwał "kwantem akcji", "parą stworzeń", "boskim pchnięciem", które mają właściwości nielokalne i nieskończenie rozciągają się w przestrzeni i czasie. Ścisła interpretacja słynnego fizyka, ulubionego ucznia Einsteina, J.A. Wheelera. Wierzył, że "kwant tworzenia" może czasem przekształcić się w podstawową jednostkę budulcową materii. Ale tylko rosyjscy fizycy G.I. Shipov i A.E. Akimov zdołali zrozumieć i naukowo uzasadnić skrętną naturę ludzkiej świadomości.

Literatura

1. G.I. Shipov. Fizyczna teoria próżni. Moskwa: Nauka, 1997. - – 450 c.

Akimov A. E. Oblique physics of technologies na początku XXI wieku. M.: Rekin, 1999. - – 80 c.

3. Akimov A. E. Heurystyczna dyskusja na temat problemu znalezienia nowego dalekiego zasięgu. Koncepcje EGS // Świadomość i świat fizyczny. Zebrane artykuły. Okay. 1. Zredagowany przez Akada. Akimova. M: Wydawnictwo Yachtsman Agency, 1995. - – 146 c. C. 34 – 84.

4) Akimow A.E., Shipov G.I. Consciousness, Physics of Torsion Fields and Torsion Technologies // Consciousness and Physical Reality, 1996. T. 1, № 1-2, c. 66 – 72.

5. Shipov G.I. Physical vacuum, spin-torsion pól: problemy i technologie. Wideo wykład. USA, Detroit, 12.10.2013 //

https://www.youtube.com/watch?v=fFZ9K-f3Tq4

6. Venger L. Melaniny to biologiczne diamenty. // Int. Journal of Engineering Research and Application, 2017, Vol. 7, Issue 6, s. 40-48.

http://www. ijera. com/papers/Vol7_issue6/Part-1/H0706014048.pdf

7. Wenger L. A. Dominująca rola melanin w powstawaniu życia i ewolucji organizmów żywych // Eniologia, 2006, № 4, s. 34-49.

8. Moskwa A. V. Ewolucja bez selekcji lub wyboru przed ewolucją. M: ISTC VENT. Preprint nr 77, 1995. - – 11 c.

9. Akimov, A.E.; Bingi, V.N. O fizyce i psychofizyce // Świadomość i świat fizyczny. Zebrane artykuły. Okay. 1. Pod redakcją akademików. A. E. Akimova. M: Wydawnictwo Yachtsman Agency, 1995. - – 146 c. C. 104-125.

10. Akimov AE, Bingi VN Computers, mózg i wszechświat. To jest to samo miejsce. C. 126-136.

Rozdział 2: Pola Thorus i FILOSOFICZNA KATEGORIA CZASU

Filozoficzna analiza problemu czasu ma długą historię wieków i sięga tak wybitnych nazw starożytności jak Heraklit, Demokryt, Parmenidus, Zenon Elei, Platon, Arystoteles, Augustyn, Leibniz, Hegel i inni. Znaczący wkład w badanie czasu wnieśli nowocześni filozofowie: Reichenbach, Grünbaum, Bergson, Huio, Aronov, Askin, Mospanenko, Molchanov, Kazaryan, Kanke, Panchenko, Svidersky itp. Nikomu jeszcze nie udało się sprowadzić pojęcia czasu do konkretnej definicji.

Wielu filozofów zwraca uwagę, że analiza czasów Arystotelesa jest najgłębsza i pozostaje aktualna do dziś. Dlatego przyjmujemy filozofię Arystotelesa jako podstawę filozoficznej kategorii czasu [1]. Naszym zdaniem, najważniejsze zapisy filozofii Arystotelesa dotyczące czasu to pojęcia ruchu, formacji i "liczby liczonych". Przyjrzyjmy się kolejno tym koncepcjom i ich związkom z polami skręcania.

2.1 Przemieszczanie się

Związek pomiędzy czasem a ruchem jest znany od dawna. Ludzie postrzegają czas jako coś ruchomego, aktualnego, zmieniającego się. Rodzaj ruchu nie jest określony. Najprawdopodobniej, wydaje się być najbliższy i najbardziej zrozumiały jako prosty lub progresywny ruch. I tylko Arystoteles w swojej "Fizyce" zwraca uwagę na to, że ruch związany z czasem może być tylko kołowy lub rotacyjny [1]. Co więcej, konsekwentnie to udowadnia. Zajmijmy się tym dowodem Arystotelesa.

"Czas albo w ogóle nie istnieje, albo ledwo istnieje, będąc w jakiś sposób niejasnym.

Czas najprawdopodobniej wydaje się być pewnego rodzaju ruchem i zmianą.

Czas nie jest ruchem, ale nie jest bez ruchu. Ruch musi zawsze istnieć. To jest jedno i ciągłe."

Dalej Arystoteles zwraca uwagę, że spośród wszystkich ruchów i ruchów pierwszy jest ruchem kołowym. Arystoteles daje więc pierwszeństwo ruchowi kołowemu (rotacyjnemu). Robi to z następujących powodów.

1. "Ruch jest okrężny, w przeciwieństwie do ruchu w linii prostej będzie jednolity i ciągły, dla ruchu od A porusza się jednocześnie do A ("gdzie ciało powinno nadejść, czyli tam, gdzie się porusza"), ale przeciwny lub przeciwstawny ruch i nie w tym samym czasie. Zilustrujmy to stwierdzenie Arystotelesa na rysunku 8.

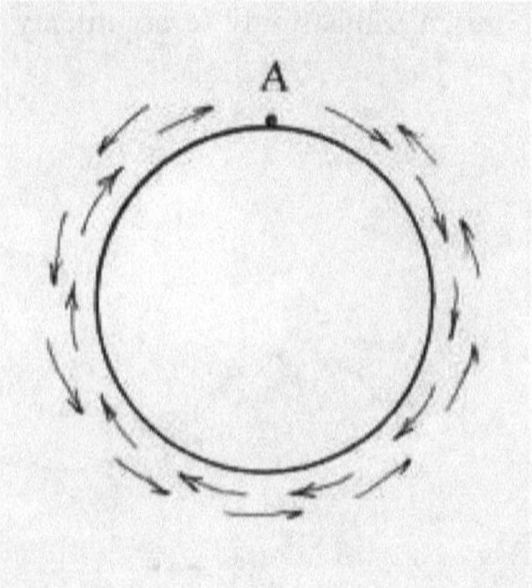

Rys. 8. Ruch okrężny z punktu A do punktu A w odwrotny sposób

2. "Każdy ruch może być kolisty lub liniowy. Ze wszystkich ruchów, pierwszym jest ruch okrężny.

To, co może być wieczne, jest bardziej pierwotne niż to, co nie może być; i dlatego ruch w kręgu może być wieczny. Z innych rodzajów ruchu, ani ruch, ani żaden inny nie może, ponieważ musi być przystanek, a przystanek jest zniknięciem ruchu.

Całkiem nieźle wydedukowano, że jest to ruch okrężny, który jest jeden i ciągły, a nie ruch w linii prostej, ponieważ linia prosta określa zarówno początek i koniec, jak i środek, i zawiera wszystko, tak że jest miejsce, z którego rozpocznie się i zakończy ruch. Przecież w punktach końcowych, w których odbywa się ruch, wszystko spoczywa.

W ruchu kołowym nic nie jest zdefiniowane (dlaczego ten czy tamten punkt będzie bardziej granicą na linii kołowej niż inny?). Przecież każdy punkt jest taki sam jak początek, środek i koniec, tak że na okręgu jesteś zawsze i nigdy na początku i końcu.

Dlatego obracająca się kula porusza się i odpoczywa pod pewnymi względami, ponieważ zajmuje to samo miejsce.

Powodem jest to, że wszystko to wynika z właściwości środka: jest to początek, środek tej wartości i jej koniec. Ze względu więc na swoje położenie poza kręgiem nie ma miejsca, aby poruszające się ciało uspokoiło się tak, jakby skończyło swój bieg (zawsze porusza się wokół środka, a nie pod koniec), więc całość jest zawsze w jakimś spokoju i jednocześnie stale się porusza. Zilustrujmy te argumenty Arystotelesa za pomocą prostego rysunku (Rys. 9).

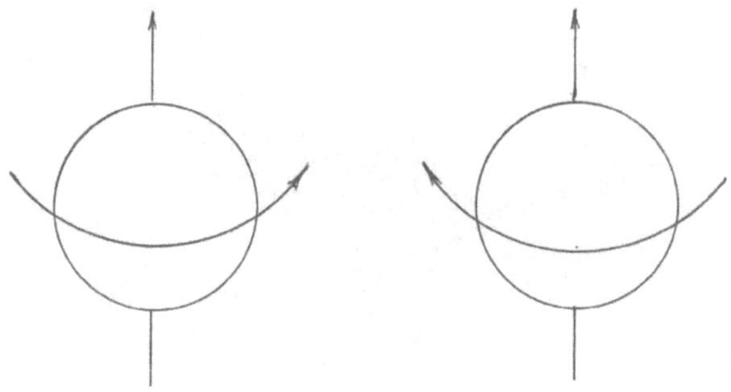

Rys. 9. Obracająca się kula znajduje się w tym samym miejscu.

Następnie Arystoteles wielokrotnie wskazuje na ogromne znaczenie ruchu rotacyjnego: "Uzyskuje się wzajemną relację: ponieważ rotacja jest miarą ruchów, musi być pierwszą (ponieważ wszystko jest mierzone najpierw), a z drugiej strony, ponieważ jest pierwszą, jest miarą wszystkiego innego.

Co więcej, może być tylko jeden ruch okrężny: dla ciała, które porusza się w linii prostej, porusza się nierównomiernie od początku do końca, dla wszystkiego szybciej, ponieważ oddala się od stanu spoczynku; tylko ruch okrężny nie ma w nim ani początku, ani końca: są na zewnątrz.

Arystoteles pokazał w ten sposób, że ruch związany z pojęciem czasu może być tylko ruchem obrotowym, wiecznym, jednolitym i ciągłym.

Dalej Arystoteles zwraca uwagę na fakt, że musi istnieć jakiś wieczysty ruch, który zapewnia ten ruch.

"Ponieważ ruch musi zawsze istnieć, a nie zatrzymywać się, musi być coś wiecznego, co porusza się jak pierwszy, i musi być pierwszy stały silnik. Musi być coś, co w każdej zewnętrznej zmianie pozostaje nieruchome, co może przenieść inną - to oczywiste od następnej.

Jeśli ruch jest wieczny, pierwszy silnik będzie wieczny, jeśli jest jeden; jeśli jest wiele, będzie wiele. Ale ważniejsze jest, aby rozpoznać jednego niż wielu.

Silnik musi być jeden i wieczny. Przecież udowodniliśmy, że ruch musi zawsze istnieć. Ale jeśli zawsze istnieje, to musi być nieprzerwany, bo zawsze jest nieprzerwany, a następny nie jest nieprzerwany.

Ale w tym przypadku, jeśli jest ciągły, to jest jeden. Ruch wytwarzany przez jeden silnik w jednym poruszającym się obiekcie będzie jednym; jeśli bowiem porusza się raz, raz, innym razem, ruch jako całość nie będzie ciągły, lecz kolejny.

Spośród wszystkich powyższych kwestii pojawiają się dwa ważne punkty. Pierwsza odnosi się do ruchu. Czas według Arystotelesa nie jest ruchem, ale jest związany z ruchem, ale nie tylko z ruchem obrotowym.

Druga pozycja: istnieje Wieczny Silnik, "jeden i wieczny", jaki ów ruch obrotowy generuje.

Na współczesnym poziomie wiedzy, ruch obrotowy dowolnego obiektu, od wiru kwantowego do makroskopijnego ciała, generuje pole skrętne. I wtedy możemy założyć, że ruch, który Arystoteles wiąże z czasem, jest ruchem obrotowym kwantowych wirów, generujących pierwotne pole skrętne, VI poziom rzeczywistości (Rys. 1).

Poza tym, jeśli zamkniemy w sobie dwie sfery Arystotelesa, które obracają się w różnych kierunkach i jednocześnie odpoczywają (rys. 9), otrzymamy fiton, obiekt kwantowy Akimowa, samokompensujący się na ładunku, masie i plecach (rys. 3). I wtedy możemy argumentować, że ruch związany z czasem jest ruchem obrotowym kwantowych wirów lub Pierwotnym Polem Skrętu.

Wieczny silnik Arystotelesa bezpośrednio koreluje z macierzami (planami, planami) Nicości Absolutnej (Rys. 1). Matryce te pod wpływem działania nadświadomości (aktywnego początku, Boga) generują wirujące wiry kwantowe. A rotacja wirów odbywa się zgodnie z informacją, charakterystyką wirowania właściwą dla tej konkretnej matrycy (Rys. 2). Dopiero po rozpoczęciu tego procesu pojawia się czas.

Stąd Wieczny Silnik Arystotelesa należy do VII poziomu rzeczywistości, a Ruch Obrotowy związany z czasem - do VI poziomu.

Z punktu widzenia teorii próżni fizycznej, poziomy te są obiektami świata dziesięciowymiarowego. Dlatego my, zwykli ludzie, obiekty trójwymiarowego (czterowymiarowego) świata nie jesteśmy w stanie ich odebrać. I tak czas jest dla nas niedostępną rzeczywistością. Dla nas w obiektywnym świecie nie istnieje żaden obiekt, na który moglibyśmy wskazać i powiedzieć: "To jest ten czas". Jednak są też ludzie "niezwykli", o wyższym poziomie świadomości, którzy są nam znacznie bliżsi na drodze postrzegania czasu.

2.2 Formacja

Kategoria filozoficzna "formacji" jest bardzo złożona i nie jest szczegółowo rozwinięta. Większość autorów przypisuje stawanie się zmianą, pojawienie się czegoś nowego, przejście od bycia do nie bycia. Zacytujmy różnych filozofów na temat koncepcji "formacji".

Arystoteles argumentował, że istnieje prawdziwa formacja - "przychodzić - wchodzić - być" [1].

Huyo uważał, że formacja jest postrzegana przez różnice: "Pierwszym momentem postrzegania czasu jest postrzeganie różnicy (dyskryminacji). Zniszczysz to postrzeganie różnicy, a ty zniszczysz czas. Percepcja różnic i podobieństw jest pierwszym warunkiem idei czasu" [3].

Szczegółową i głęboką charakterystykę formacji podaje Losev [4]: "Formacja jest taką zmianą jednego momentu na drugi, kiedy to każdy pojedynczy moment jej wystąpienia jest natychmiast niszczony i usuwany. Prawdziwa formacja jest obszarem, dla którego ta stała płynność i zmienność rzeczy i zjawisk jest niezbędna. Tutaj nie da się oddzielić jednej chwili od drugiej, ponieważ przy najmniejszej fiksacji jest ona usuwana i daje miejsce na kolejną chwilę.

Należy jednak pamiętać, że zredukowanie formacji do jednej tylko ciągłości jest tylko pierwszym i najbardziej koniecznym momentem w definiowaniu tej kategorii. Bardziej szczegółowe spojrzenie na nią sugeruje, że jej ilościowy wzrost zawsze prowadzi do przejścia od jednego rodzaju formacji jakościowej do innego rodzaju formacji jakościowej. W wyniku pewnego rozwoju ilości, następuje przejście od jednej jakości do drugiej, tak że cała ciągła linia "formacji" zawiera wszelkiego rodzaju stałe węzły, które nie opóźniają samej formacji, ale oznaczają przekształcenie jednego rodzaju własnej w inny.

Askinadze kojarzy formację ze szczególnym rodzajem ruchu [5]: "Ruch nie jest tylko ruchem w tym, co tam jest, ale jest związany z pojawieniem się czegoś, czego wcześniej nie było, jako procesu powstawania nowego, jako formacji. Zmiana świata to proces zmiany poszczególnych rzeczy i zjawisk, które składają się na świat.

Coś, co nie istniało wcześniej, staje się istniejące. Akty formacji ("realizacji"), które następują po sobie w wiecznej sukcesji, znajdują odzwierciedlenie w upływie czasu.

Świat jest w czasie, ponieważ następuje narodziny nowego, proces "dodawania" istniejącego. Świat nie jest czymś gotówkowym. To się ciągle dzieje i znajduje swój wyraz w czasie. Jest to przejście od nieistniejącego do nieistniejącego.

Czas jest wyrazem formacji, a formacja jest zawsze formacją "czegoś", formacją pewnych rzeczy materialnych.

Bardzo ciekawą interpretację pojęcia formacji w systemie kategorii dialektycznych podaje Gordon [6]: "Formacja jest procesem, w którym nowy podmiot, nowe zjawisko zaczyna się od realnej możliwości przeobrażenia się w rzeczywistość, ale jeszcze nie przerodziło się w rzeczywistość. To się wciąż dzieje, zamienia się w rzeczywistość, tworzy, składa.

Formacja jest osiągniętym momentem w rozwoju wszystkich podmiotów, zjawisk świata. Jest to szczególna niekompletna forma istnienia obiektów, zjawisk świata materialnego.

Kategoria formacji odzwierciedla coś, co jeszcze nie istnieje jako zjawisko w pełni ugruntowane, ale już zaczyna istnieć.

Tworzenie nowego jest procesem ciągłym, który nigdy się nie zatrzymuje. Świat, jako całość, jest w ciągłej formacji. Formacja ta odbywa się nieustannie w Przyrodzie.

Formacja jest procesem przechodzenia możliwości w rzeczywistość".

Prace te są najbardziej wyraziste na tle licznych źródeł filozoficznych dotyczących kategorii formacji i w pełni ujawniają istotę tego pojęcia. Sformułujmy główne oznaki formacji:

- wchodząc w życie;

- pojawienie się różnic;

- zmienność;

- zmiana jednej jakości na drugą;

- pojawienie się czegoś, czego nie było wcześniej;

- która nie istnieje, staje się istniejąca;

- narodziny nowego, "dodatku", "stworzenia".

- przekształcenie okazji

Ze wszystkich tych definicji nie jest jednak jasne, co dokładnie zmienia się w nowe, jest dodawane i wdrażane. Jaki jest przedmiot samego procesu formacji?

Jeśli rozważymy proces formacji w świetle nowych teorii fizycznych, możemy uzyskać następujące odpowiedzi na postawione pytania.

Formacja jest procesem przemiany informacji w materię podczas narodzin materii z próżni, lub, w ezoterycznym sensie, upadku Ducha w materię:

Info → → → → → Substancja

Duch →→→ →→Sprawa

Porównajmy wyraźnie proces formowania się w filozofii z siedmiopoziomowym systemem wszechświata w fizyce (rys. 10).

Z rysunku wynika, że formacja jest procesem narodzin materii z Próżnia według matryc, planów i schematów, które istnieją na poziomie Nicości Absolutnej. A proces ten odbywa się już w czasie, który zaczynamy dostrzegać na poziomach materialnych (VI-I). Im niższy poziom, tym więcej substancji jest "dodawanych", tym bardziej pojawiają się różnice, które postrzegamy jako czas trwania, kolejność procesów i zjawisk otaczającego nas świata, czyli jako fizyczną kategorię czasu.

2.3. "Numer policzony" przez Arystotelesa.

Oprócz powyższych definicji, Arystoteles posiada szczególną definicję czasu: "Czas jest liczbą do policzenia, a nie liczbą, za pomocą której się liczy" [1]. Koncepcja ta została bardzo szczegółowo przeanalizowana w pracach Mołczanowa Y. B. [7, 8]. Zacytuję tego autora: "Liczby liczone nie są związane z kontem, ale z samą rzeczywistością fizyczną. Dla Arystotelesa "liczba policzona" to sama fizyczna rzeczywistość z pewną metryką, tj. rzeczy i przedmioty, które są przeliczane i generalnie pozwalają na przetwarzanie matematyczne. Kiedy Arystoteles mówi, że czas jest liczbą do policzenia, podkreśla jego informacyjny, a nie czysto matematyczny charakter" [8].

Arystoteles podkreśla, że oczywiście musi być inny. Na przykład, liczba 100 koni i 100 ludzi jest taka sama (100), a są różne przedmioty, do których się odnosi, tzn. konie i ludzie.

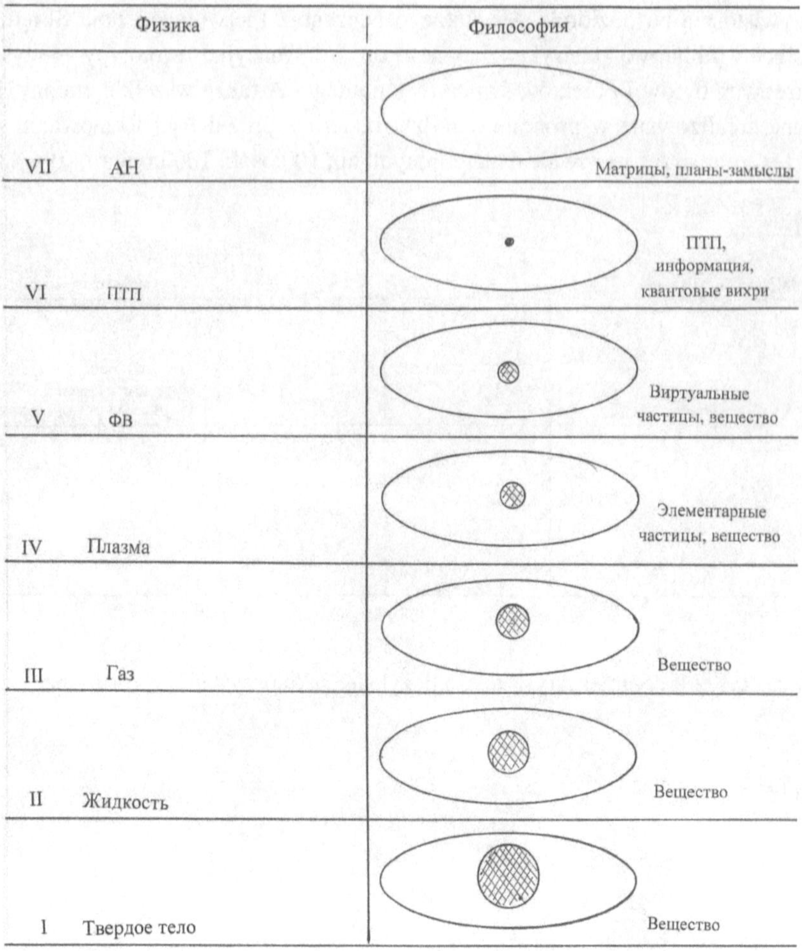

Rys. 10. Formacja jako proces narodzin materii z próżni

N. N. Trubnikow podaje ścisłą interpretację rachunku czasu: "Arystoteles zwrócił uwagę na fundamentalnie ważny fakt, że rachunek czasu jest specjalnym rachunkiem:

tym samym rachunkiem, ale nie tym samym. Wynik przypisujemy temu, co ma swoją własną miarę zmiany, miarę ruchu, relację poprzedniego z następnym" [9].

Z pozycji teorii próżni fizycznej i teorii pól skrętnych, "liczenie liczb" jest fizyczną rzeczywistością na poziomie Absolutnego Niczego i Pierwotnego Pola Skrętu. Ma dziesięciowymiarową metrykę. Zawiera on informacyjne prototypy wszystkich konkretnych bytów i obiektów świata materialnego. A także wszelkie zmiany, które zostaną zrealizowane w procesie narodzin materii z próżni i jej formowania się w postrzeganym przez nas świecie materialnym, np. 100 osób, 100 koni itp. (rys. 11).

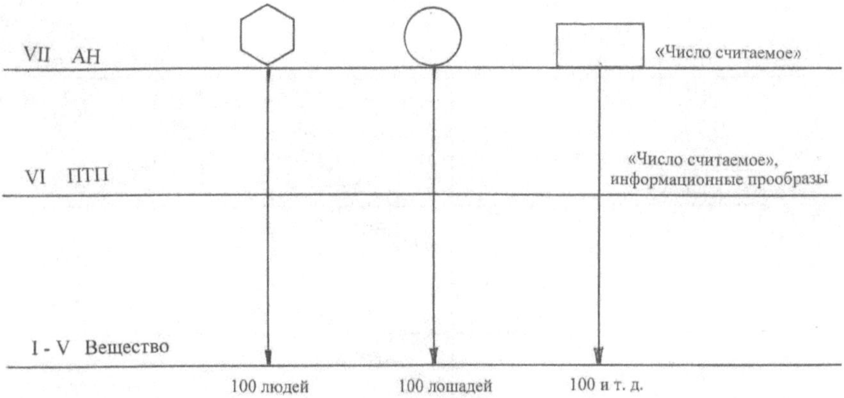

Rys. 11. "Numer Arystotelesa liczył się" jako przystań informacyjna.

Literatura

1. Arystotelesem. Eseje w 4t. T. 3. Moskwa: Myśl, 1981. - – 614 c.

2. Kazaryan V. P. Pojęcie czasu w strukturze wiedzy naukowej. Moskwa: Wydawnictwo Moskiewskiego Uniwersytetu Państwowego, 1980. - – 176 c.

3. Huyo J.M. Pochodzenie idei czasu. Smoleńsk, 1891. - – 128 c.

4 Losev A. F. Starożytna filozofia historii. Moskwa: Nauka, 1971. - – 207 c.

5. Askinadze Ya. F. Na pytanie o istotę czasu // Problemy filozoficzne, 1961, № 3, s. 50-62.

6. Gordon V. M. Kategoria formacji w dialektyce marksistowskiej // Nauki filozoficzne, 1968, № 4, str. 42-50.

7.B.Mołczanowa Yu. Cztery pojęcia czasu w filozofii i fizyce. Moskwa: Nauka, 1977. - – 192 c.

8. Molchanov Yu. B. Problem czasu w filozofii Arystotelesa // Philosophical Sciences, 1977, ¹ 1, s. 55-62.

9. Trubnikow N.N. Problem czasu w świetle perspektywy filozoficznej // Problemy filozofii, 1972, ¹ 2, s. 111-121.

Rozdział 3: Pola Thorus i KATEGORIA FIZYCZNA CZASU

Czas jest jednym z najbardziej podstawowych pojęć fizyki. Jest on oznaczony literą t i jest zawarty w wielu równaniach prawie wszystkich sekcji fizyki bez wyjątku. Fizyka uznaje jednak, że pojęcie "czasu" nie może być opisane za pomocą prostych i jasnych definicji [1-3]. We współczesnej fizyce w pełni zbadano tylko jedną właściwość czasu - czas trwania, który jest mierzony godzinami. Uważa się również, że czas przejawia się tylko poprzez zdarzenia: "Tak jak przestrzeń przejawia się tylko poprzez umiejscowienie ciał materialnych, które w niej się znajdują, tak czas przejawia się tylko poprzez zdarzenia, które w niej zachodzą. Tylko te wydarzenia są prawdziwe i obiektywne" [4]. Niektórzy współcześni autorzy proponują wyróżnić czas jako zmienność obiektów świata i jako sposób pomiaru tej zmienności [2].

Starając się badać czas w świetle nowej wiedzy fizycznej, najpierw rozważymy tę kategorię w podstawowych teoriach fizycznych, na których opiera się współczesna fizyka. Skoncentrujmy się również na Mechanice przyczynowej N.A.Kozyriewa i jego eksperymentach, które, naszym zdaniem, wyraźnie pokazują skrętny charakter czasu.

3.1 Czas w mechanice Newtona.

Początkowo Newton stanął przed zadaniem znalezienia systemu odniesienia, w którym prawo inercji i inne prawa mechaniki byłyby wykonywane [5]. Stwierdził, że empiryczne układy odniesienia związane z ciałami materialnymi nigdy nie mogą służyć jako podstawa dla praw związanych z inercją. Doszedł więc do wniosku, że istnieje absolutny czas i absolutna przestrzeń, czysty czas trwania i czyste przedłużenie, całkowicie niezależne od człowieka, wolne od jakiejkolwiek materii, która je wypełniała. Oto słowa samego Newtona: "Absolutny czas rzeczywisty lub matematyczny sam w sobie i na mocy swojej wewnętrznej natury płynie w ten sam sposób, bez względu na cokolwiek zewnętrznego i inaczej zwanego czasem trwania; czas względny, pozornie lub zwyczajny jest rodzajem zmysłowego lub zewnętrznego (niezależnie od tego, jak dokładny lub nieporównywalny może być), miarą czasu trwania ustaloną za pomocą ruchu, który jest zwykle używany zamiast czasu rzeczywistego; jest to godzina, dzień, miesiąc, rok...".

Ponieważ dni w przyrodzie nie są tak naprawdę równe, choć zwykle uważa się je za równe i używa się ich jako miary czasu: astronomowie korygują te miary, przeprowadzając dokładną analizę ruchów niebieskich. Być może nie ma czegoś takiego jak standardowy ruch, dzięki któremu można dokładnie zmierzyć czas. Wszystkie ruchy mogą być przyspieszone lub spowolnione, ale prawdziwy lub standardowy bezwzględny proces przepływu czasu nie podlega żadnym zmianom. Długość lub wiek, w którym rzeczy istnieją, pozostaje taki sam, bez względu na to, czy są szybkie, powolne czy nie...".

"Przestrzeń absolutna, ze względu na swoją naturę, bez względu na nic zewnętrznego, pozostaje zawsze taka sama i nieruchoma. Przestrzeń względna jest pewnym ruchomym wymiarem lub miarą przestrzeni absolutnych; definiujemy ją poprzez nasze zmysły poprzez wzajemny układ ciał, jest ona wulgarna i interpretowana jako przestrzeń stała...

Tak więc zamiast pozycji i ruchów bezwzględnych używamy pozycji i ruchów względnych i robimy to bez żadnych niedogodności dla naszej działalności praktycznej. Jednak w badaniach filozoficznych musimy odwracać uwagę od naszych uczuć i rozważać rzeczy jako takie, bez względu na to, co jest tylko zmysłowym wymiarem tych zjawisk. Bo być może nie ma ciała, które naprawdę odpoczywało, o którym można by policzyć wszystkie pozycje i wszystkie ruchy innych ciał... (cyt. za: [5, s. 61, 62]).

W teorii Newtona przestrzeń i czas są zatem obiektywne, niezależne od procesów mechanicznych, a także od człowieka i jego świadomości. Newton podniósł je do rangi absolutnej. Czas we wstępie Newtona to przepływ czysto czasowy.

3.2 Czas w teorii względności Einsteina.

Einstein odkrył, że rozszerzył zasadę relatywizmu na przestrzeń absolutną (subiektywne poczucie długości) i czas absolutny (subiektywne poczucie czasu trwania) i uzyskał konstrukcje czysto abstrakcyjne: przestrzeń i czas. Konstrukcje te zostały włączone do systemu pojęć fizycznych i uzupełniały fizyczny obraz świata [5, 6].

Einstein jako pierwszy zakwestionował możliwość eksperymentalnej weryfikacji pozycji: czas jest właściwością procesów, które można mierzyć, jak wiele innych właściwości [5, 7]. W specjalnej teorii względności pokazano, że jednoczesność zdarzeń w różnych miejscach przestrzeni może być ustawiana tylko na podstawie uwzględniania prędkości sygnałów, które są stosowane w tym przypadku. Dwa zdarzenia w różnych miejscach w przestrzeni nie są jednoczesne. Mogą one być jednoczesne dla jednego obserwatora, a nie dla drugiego, który jest w ruchu względnym w stosunku do pierwszego. Innymi słowy, czas trwania procesu zaobserwowany w innym systemie referencyjnym.

Idea relacji czasu z przestrzenią i ruchomą materią została rozwinięta w ogólnej teorii względności. Einstein stwierdził, że niemożliwe jest posiadanie globalnego układu współrzędnych, tzn. w zasadzie nie jest możliwa synchronizacja zegarków w całej przestrzeni. Wynika z tego, że jednoczesność zdarzeń zależy nie tylko od układu odniesienia, ale także od potencjału grawitacyjnego materii. A to oznacza, że przedział czasu pomiędzy dwoma zdarzeniami w punkcie o jednym potencjale grawitacyjnym gi nie jest równy przedziałowi czasu pomiędzy równoważnymi zdarzeniami w punkcie o innym potencjale grawitacyjnym gk.

- gi -gk

Δti Δtk

Δti Δtk

Wraz ze wzrostem potencjału grawitacyjnego następuje spowolnienie przepływu czasu, co zostało eksperymentalnie potwierdzone. Na przykład, jeśli

gi >> gk, następnie ti << tk

W jednej ze swych prac A. Einstein pisał: "Przed pojawieniem się teorii względności fizyk milcząco założył, że instrukcje czasu są bezwzględne, tzn. nie zależą od stanu ruchu ciała odniesienia. Ale właśnie widzieliśmy, że to założenie jest niezgodne z najbardziej naturalną definicją jednoczesności" [6].

3.3 Czas w mechanice przyczynowej Kozyriewa

Mikołaj Aleksandrowicz Kozyriew (1908-1983) - słynny astronom, astrofizyk, błyskotliwy, oryginalny naukowiec i człowiek niezwykłego losu. Całe jego życie związane było z Głównym Obserwatorium Astronomicznym w Pułkowie. Dlatego nazywają go też astronomem "Pulkowskim". Przez ponad dziesięć lat był oderwany od swojej bezpośredniej pracy naukowej, podczas której przeszedł przez horror życia więziennego i obozowego. Po powrocie z wygnania pod koniec grudnia 1946 r. rozpoczął badania, następnie obronił pracę doktorską i rozwinął oryginalną teorię niejądrowych źródeł energii gwiazd.

Teoria ta doprowadziła go do badania czasu, czyli jego fizycznych właściwości i jego związku z energią ciał niebieskich pochodzących z "źródła niskotemperaturowego", a nie jądrowego. Swoje teorie potwierdził obserwacjami astronomicznymi i eksperymentami laboratoryjnymi. Tak narodziła się "teoria czasu Kozyriewa". Po raz pierwszy teoria ta została sformułowana w małej książce "Mechanika przyczynowa lub asymetryczna w przybliżeniu liniowym", wydanej w Pułkowie w 1958 r. Obecnie ta fundamentalna praca znajduje się w "Wybranych dziełach N.A. Kozyriewa" [8].

Mechanika przyczynowa obejmowała szeroki zakres problemów z fizyki, astronomii, geofizyki, nauki o planetach, kosmologii i kosmogonii. N. A. Kozyriew działał w nim nie tyle jako astronom, ile raczej przyrodnik, wnikając w tajemnice Wszechświata, nie szukając destrukcyjnego, lecz tworząc początek - "czwarty początek termodynamiki", nie podlegający destrukcyjnemu prawu narastania entropii.

W 1958 roku, N.A. Kozyriew dokonał największego odkrycia. Odkrył wulkanizm na księżycu. Przez ponad 10 lat potwierdzał słuszność swojego odkrycia. I dopiero w grudniu 1969 roku. Państwowy Komitet ds. Odkryć i Wynalazków ZSRR wręczył naukowcowi dyplom w sprawie odkrycia wulkanizmu księżycowego. A w roku 1970 Międzynarodowa Akademia Astronautyki przyznała sowieckiemu astrofizykowi N.A. Kozyriewowi złoty medal z inkrustowanym diamentowym wizerunkiem konstelacji Wielkiego Niedźwiedzia. Po N.A. Kozyriewie, tylko Yuri Gagarin otrzymał tak prestiżową nagrodę. Jednak głównym przedmiotem i celem całego życia tego zdumiewającego naukowca było najbardziej tajemnicze zjawisko, przed którym, jego zdaniem, "pokolenia naukowców zatrzymują się w niepewności" - tym razem. O N. A. Kozyriewie i jego odkryciach powstało wiele niezwykłych artykułów, również w popularnych publikacjach radzieckich [9-14].

Następnie zastanówmy się nad istotą nauk N.A. Kozyriewa na czas, oraz nad eksperymentami leżącymi u podstaw jego teorii.

3.3.1. Istota mechaniki przyczynowej Kozyriewa

Na początku należy zauważyć, że we współczesnej nauce przyrodniczej istnieją dwa pojęcia czasu: materialny i relacyjny [15,16]. Zgodnie z Koncepcją Istotną czas jest bytem absolutnie niezależnym, nie związanym z ciałami materialnymi i ich oddziaływaniami, nie zależnym od niczego zewnętrznego. Koncepcja relacyjna odrzuca pierwotny, fundamentalny, niezależny i oryginalny charakter czasu i postrzega go jako wtórny byt wywodzący się z czegoś bardziej fundamentalnego.

W teorii Newtona sformułowana jest istota czasu: czas Newtona jest obiektywną, niezależną jednostką. Teoria względności Einsteina potwierdziła relacyjne pojęcie czasu i związane z nim relacje czasowe z fizycznymi oddziaływaniami systemów materialnych.

Mechanika przyczynowa Kozyriewa, oparta na pewnych założeniach metodologicznych i postulatach [17], stosuje podejście merytoryczne, ale w szerszym sensie. Zakłada się, że czas jest nie tylko samodzielnym zjawiskiem natury, ale może w jakiś sposób wpływać na obiekty otaczającego świata i zachodzące w nim procesy.

Rozważmy pokrótce podstawowe założenia i postulaty, które stanowią podstawę teorii Kozyriewa, a które naszym zdaniem wskazują na skrętny charakter czasu.

Założenie 1. Solidne podejście do nauki w czasie. Czas jest niezależnym zjawiskiem natury.

Założenie 2. Czas, wraz ze zwykłą pasywną właściwością czasu trwania mierzoną przez zegarek, ma inne właściwości: fizyczne lub *aktywne*.

Założenie 3: Aktywne (fizyczne) właściwości czasu mogą być badane doświadczalnie. Jednocześnie podkreślana jest trudność eksperymentalnego badania czasu, ponieważ "jest on geometrycznie ortogonalny" dla naszego świata.

Następnie N.A. Kozyriew formułuje postulaty dotyczące fizycznych właściwości czasu.

Postuluj I. Czas ma szczególną właściwość, która tworzy różnicę przyczynowo-skutkową, którą można nazwać kierunkiem lub przebiegiem czasu. Ta właściwość decyduje o różnicy między przeszłością a przyszłością.

Postulat II. Przyczyny i skutki są zawsze oddzielone przestrzenią. Dlatego też różnica przestrzenna między nimi jest tak mała, jak to tylko możliwe, ale nie równa się zeru δx.

Postulat III. Przyczyna i skutek są różne w czasie. Dlatego istnieje niewielka, ale nie równa zero różnica czasowa pomiędzy ich przejawami δt pewnego znaku. Kozyriew wprowadza wartość

$C2 = \delta x / \delta t$, co nazywane jest kursem czasowym

Wartość ta ma wymiar prędkości i charakteryzuje prędkość przejścia przyczyny w konsekwencji.

Postulat IV. Kurs czasowy C2 jest pseudoskalarem, dodatnim w lewym układzie współrzędnych.

Postulat V. Jeśli w związku przyczynowym istnieje względny obrót punktu przyczynowego i punktu wynikowego, to w nim, wraz z siłami rozważanymi przez mechanikę klasyczną, istnieją jeszcze pewne dodatkowe siły.

Postulat VI. Czas, wraz z właściwością stałą - suwem C2, ma zmienną właściwość - gęstość.

Są to podstawowe założenia i postulaty mechaniki przyczynowej. Wszystkie dalsze działania N. A. Kozyriewa miały na celu przeprowadzenie eksperymentów, które pozwoliły na obserwację wpływu czasu na obiekty otaczającego świata.

Rozważmy założenia i postulaty mechaniki przyczynowej w świetle teorii próżni fizycznej i teorii pól skrętnych. Wykorzystajmy pozycje podane w rozdziale 1.

Założenie 1. Tylko pole skrętne może twierdzić, że jest substancją i "niezależnym zjawiskiem natury" wszystkich znanych pól i oddziaływań ze względu na swoje wyjątkowe właściwości (zasięg, nieskończona prędkość propagacji sygnału, charakter holograficzny, obecność prawej i lewej strony, itp.) Wtedy, naprawdę, ta substancja (czas) wpływa na wszystkie obiekty otaczającego świata, a także na procesy zachodzące w tych obiektach, jak myślał N.A. Kozyriew.

Założenie 2: Założenie to wynika automatycznie z poprzedniego: pola skrętne mają różne właściwości fizyczne i aktywnie oddziałują na pola skrętne wszystkich obiektów świata materialnego bez wyjątku.

Założenie 3. Rzeczywiście, istnieją trudności w badaniu obserwowanych skutków pól skrętnych. Po pierwsze, pole skrętne jest dziesięciowymiarowym obiektem świata i nasze instrumenty są mało wrażliwe na ten obiekt. Po drugie, pole skrętne działające na obiekt zmienia jedynie jego strukturę obrotową i nic więcej. Ale w konsekwencji spinovyh pierestrojka może być (i nie może być, w zależności od właściwości pola) zmiany w różnych cechach obiektu, na przykład, przewodność cieplna, przewodność elektryczna, podatność magnetyczna, efekt Halla, parametry sieci krystalicznej, przewodność błon komórkowych w systemach żywych, itp. Efekty te można już niezawodnie rejestrować za pomocą instrumentów naszego czterowymiarowego świata. Podobno to właśnie te efekty N.A. Kozyriew zarejestrował w swoich eksperymentach.

Ponadto, "Założenie 3" podkreśla, że "szczególną trudnością w badaniu czasu jest to, że czas jest ortogonalny dla naszego świata, więc nie możemy ani wizualnie, ani za pomocą instrumentów patrzeć w ten ortogonalny dla naszego świata kierunek. Patrząc na rysunek 7 (rozdział 1) widzimy, że symetria osiowa (stożkowa) pola skrętnego jest w rzeczywistości symetryczna ortogonalnie sferycznie do pól grawitacyjnych i elektromagnetycznych (rysunek 12).

Postuluj I. Istotę tego postulatu ukazuje siedmiopoziomowy model ewolucji (Rys. 2, rozdział 1), jeśli uzupełnimy go o pozycje mechaniki przyczynowej (Rys. 13).

Postulat II i Postulat III są widoczne na tym samym rysunku 13.

Postulat IV. Lewa i prawa to główne cechy pól skrętnych.

Postulat V. Postulat ten odnosi się do "dodatkowych" sił generowanych przez obrót. Są to siły bezwładności, które są manifestacją pól skrętnych na poziomie makroskopowym [18].

Postulat VI. Jest bardzo prawdopodobne, że gęstość w czasie jest natężeniem i częstotliwością pola skrętnego.

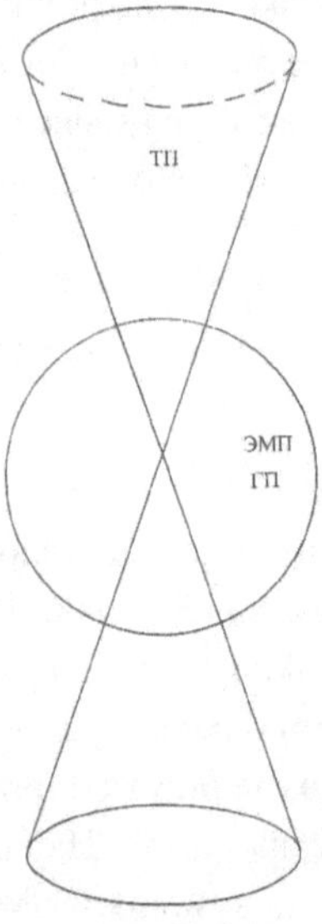

Rys. 12: Ortogonalny kierunek pola skrętnego w stosunku do pól grawitacyjnych i elektromagnetycznych.

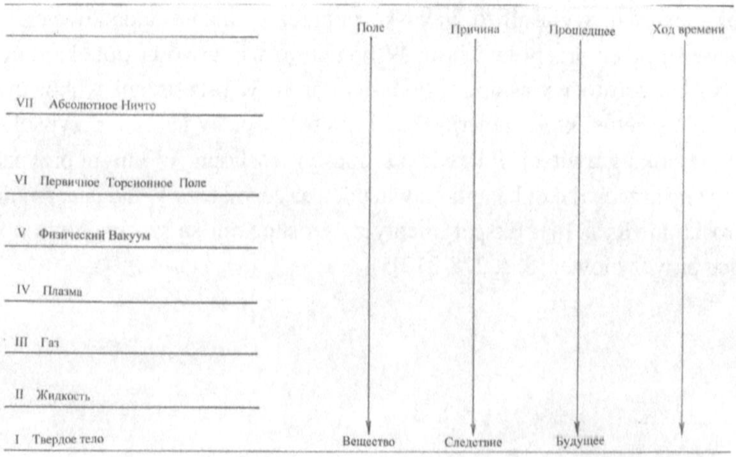

Rys. 13. Siedmiopoziomowy system wszechświata i relacje przyczynowo-skutkowe.

Podsumowując wszystko powyższe, można stwierdzić, że założenia i postulaty mechaniki przyczynowej nie tylko nie wchodzą w konflikt, ale wręcz przeciwnie, odnoszą się do postanowień teorii próżni fizycznej i teorii pól skrętnych. Wszystko to czyni go bardziej zrozumiałym i dostępnym.

Następnie rozważmy kilka eksperymentów N.A. Kozyriewa mających na celu zbadanie fizycznych właściwości czasu.

3.3.2 Eksperymenty z żyroskopem

H. A. Kozyriew ważył żyroskopy na obrotowej skali. W zależności od kierunku obrotów żyroskopu (zgodnie z ruchem wskazówek zegara lub przeciwnie do ruchu wskazówek zegara) waga żyroskopu zmniejszyła się lub zwiększyła. Należy zauważyć, że eksperyment ten jest jednym z dwóch tuzinów niewyjaśnionych zjawisk fizyki XX wieku [19].

H. A. Kozyriew był pierwszym naukowcem, który zaobserwował to zjawisko. Następnie eksperymenty te zostały powtórzone przez japońskiego naukowca Hayasaki. Obecnie zjawisko to zostało szczegółowo zbadane przez G.I. Shipova [18] i doskonale zaprezentowane w laboratorium Uniwersytetu w Bangkoku (Tajlandia) [20].

N.A. Kozyriew sam wyjaśnił to zjawisko poprzez działanie dodatkowych sił, jakie generowane są przez przepływ czasu. W oparciu o właściwości pól skrętnych, efekt ten jest bardzo prosto wyjaśniony. Podczas obrotu w przestrzeni wokół żyroskopu powstaje pole skrętne, które generuje siłę bezwładności. W jednym przypadku zbiega się on w kierunku grawitacji P i zwiększa masę żyroskopu. W innym przypadku jest on skierowany przeciwko działaniu grawitacji, a na zewnątrz wygląda jak zmniejszenie wagi żyroskopu (Rys. 14). Eksperymenty z żyroskopami są szczegółowo opisane w mechanice przyczynowej [8, s. 278-312].

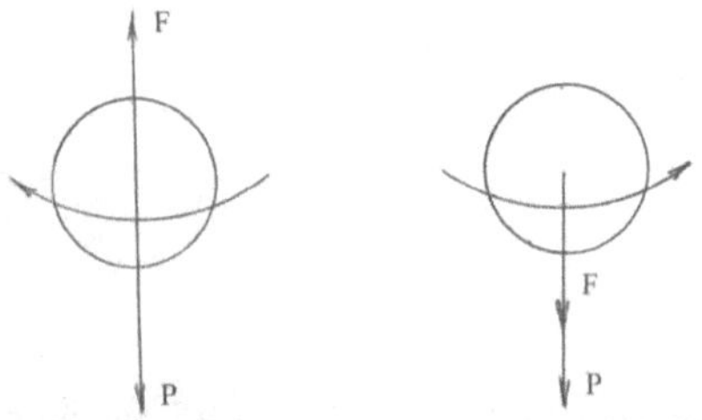

Rys. 14: Zmiana masy żyroskopu przez obrót

3.3.3 Procesy nieodwracalne

H. A. Kozyriew pokazał, że czas ma inną właściwość - gęstość. Przejawia się to wyraźnie, gdy strumień czasu styka się z nieodwracalnymi procesami, które wiążą się ze zmianami w organizacji systemów fizycznych [8, s. 363-395]. Są to procesy takie jak podgrzewanie, chłodzenie, rozpuszczanie, odparowywanie cieczy, itp. Właściwościami wykorzystywanymi do rejestrowania wpływu czasu na substancje były te, które mogły być łatwo zarejestrowane. Jedną z takich właściwości jest przewodnictwo prądu elektrycznego opornika wprowadzonego do Whitston Bridge, które jest bliskie wybranemu nieodwracalnemu procesowi. Na przykład cukier jest umieszczany w filiżance herbaty, a pobliski żyroskop reaguje zmianą jego wagi. Odparowanie acetonu powoduje odchylenie strzałki galwanometru. Odparowanie ciekłego azotu, schłodzenie szklanki gorącej wody, rozpuszczenie cukru zmieniło masę badanych próbek.

H. A. Kozyriew uważał, że każdy proces związany z utratą informacji i zwiększonym chaosem (zwiększona entropia) powoduje przepływ czasu. Z kolei poprzez zaabsorbowanie w otaczającym nas ciele, strumień czasu zwiększa uporządkowanie struktury systemów fizycznych.

Wynika z tego, że każdy proces destrukcyjny wiąże się z emisją czasu, a uporządkowaniu towarzyszy absorpcja czasu. Dlatego w pobliżu procesów nieodwracalnych można wyeliminować wady sieci krystalicznych, zmienić opór elektryczny, pojemność cieplną, właściwości magnetyczne itp. Znacznie później wyniki te zostały potwierdzone przez inne niezależne zespoły [21].

Opisane zjawiska są efektem działania pól skrętnych i są wyjaśnione na ścisłej podstawie naukowej. Gęstość czasowa Kozyriewa odpowiada częstotliwości ν i natężeniu I pola skrętnego. W procesach nieodwracalnych w strukturach zaangażowanych substancji, takich jak woda H2O i cukier C10H22O11, zachodzą zmiany w strukturze spinowej. Cząsteczka cukru jest znacznie bardziej złożona niż cząsteczka wody pod względem składu atomowego, struktury i stechiometrii. Dlatego jego pole skrętne charakteryzuje się wyższą charakterystyką częstotliwościową gęstości ν i I. Kiedy cukier jest rozpuszczony, proces wygładzania tych cech przed wyrównaniem następuje. Straty cukru

$\Delta \nu = \nu_{C10H22O11} - \nu_{H2O}$ i

$\Delta I = I_{S10N22O11} - IN2O$

W ten sposób następuje zakłócenie porządku w strukturze cukru, utrata informacji, obniżenie cech pola do stanu równowagi, "przydział czasu", wzrost entropii. Przy absorpcji promieniowania skrętnego zachodzą procesy odwrotne: wzrost informacji, "absorpcja czasu", która prowadzi do zwiększenia organizacji systemu, zmniejszenie entropii.

Liczne eksperymenty Akimowa A. E., nie tylko laboratoryjne, ale i produkcyjne, nad wpływem promieniowania skrętnego na różne obiekty wyraźnie demonstrują "pochłanianie czasu" i porządkowanie struktury układów fizycznych [18, 22, 23]. Na przykład, generator skrętny napromieniowuje stopiony metal w piecu. W tym przypadku, grzbiety atomów metalu są wyłożone w polu, co zwiększa organizację siatki krystalicznej metalu, a to z kolei prowadzi do zwiększenia wytrzymałości i plastyczności. W konwencjonalnych fuzjach wymaga to stosowania różnych drogich dodatków, które mogą zwiększyć wytrzymałość lub plastyczność. Pod wpływem promieniowania skręcającego na metal wzrasta jednocześnie jego wytrzymałość i plastyczność. Badano również wpływ promieniowania skrętnego na wiele innych procesów: krystalizację soli i substancji organicznych, wzrost roślin i kiełkowanie nasion, przewodnictwo błon komórkowych i inne.

Tak więc "czas na Kozyriewie", a w rzeczywistości promieniowanie skrętne jest w stanie zwiększyć lub zmniejszyć entropię układu fizycznego, o czym świadczą nieodwracalne procesy.

3.3.4. Gwiazdy podwójne.

W swoim czasie N.A. Kozyriew zwracał uwagę na gwiazdy podwójne [24]. Składają się one z gwiazd różnych klas. Ale kiedy są sparowane, nabierają wielu zaskakująco podobnych cech (jasność, intensywność promieniowania, charakterystyka spektralna, itp.). Im starszy jest ten "duet", tym bardziej staje się on podobny.

Wydaje się, że gwiazda główna wpływa na swojego satelitę i stopniowo zmienia jego wygląd. Ale jak to się dzieje? Odstępy między gwiazdami są tak duże, że wyeliminowane jest oddziaływanie pól siłowych. Kozyriew zasugerował, że tym razem niesie informacje, które sprawiają, że jedna gwiazda wygląda jak inna. W tym przypadku realizowane są efekty pola skrętnego, tj. przestawianie struktur wirowych jednego obiektu pod wpływem promieniowania skrętnego innego obiektu (Rys. 15). Dalej, te zmiany informacyjne prowadzą do zauważalnych zmian na poziomie fizycznym. Ponieważ nowe struktury spinowe są podobne do struktury gwiazdy głównej, nabyte właściwości fizyczne i cechy na poziomie materialnym staną się podobne, odpowiadające jej, głównej gwieździe. Analogia tego zjawiska istnieje w zwykłym życiu. Literatura popularna opisuje przypadki, w których osoby mieszkające od dłuższego czasu w pobliżu, takie jak małżonkowie, stają się podobne.

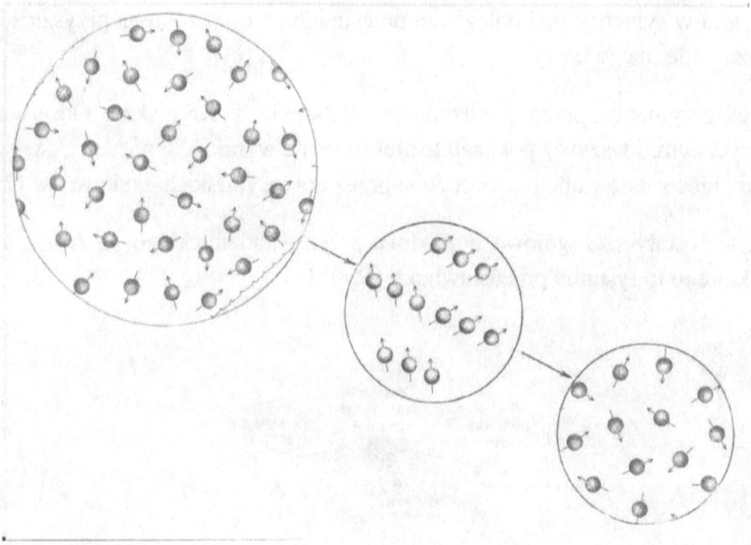

Rys. 15: Przegrupowanie spinowych struktur gwiazdy satelitarnej pod akcja gwiezdna

3.3.5. Sygnały z przyszłości

Wielu naukowców uważa, że współczesna astronomia to paleoastronomia. Jak wiemy, światło z gwiazd, które widzimy na niebie, przychodzi do nas od setek i tysięcy lat. Gwiazdy nie stoją w miejscu i w tym czasie mają czas, aby przenieść się do innych punktów na niebie. N.A. Kozyriew uważał, że gwiazda jest potężnym źródłem nie tylko światła, ale i czasu, który jest przekazywany w przestrzeni natychmiast na dowolną odległość. Wpadł więc na pomysł, aby szukać gwiazdy w nowej, jeszcze niewidocznej, "czystej" części nieba za pomocą opisanego już galwanometru mierzącego gęstość czasu. Wraz ze swoim współpracownikiem W.W. Nasonowem za pomocą opracowanych przez siebie czujników obserwowali różne obiekty kosmiczne - gwiazdy, galaktyki, gromady kul [17]. Dla każdego z obserwowanych obiektów rejestrowały one sygnały pochodzące z trzech punktów sfery niebieskiej:

(a) Z miejsca pokrywającego się z widocznym położeniem obiektu, tj. z miejsca, w którym obiekt znajdował się w odległej przeszłości;

b) z miejsca, w którym znajduje się obiekt w momencie obserwacji;

c) z miejsca w symetrycznej odległości przesuniętego do przodu na przyszłość, gdzie praktycznie nie ma gwiazdy.

Takie eksperymenty przeprowadzono w Pułkowie i Krymskim Obserwatorium Astrofizycznym. I wszyscy pokazali te niesamowite wyniki. Co więcej, eksperymenty te zostały niespodziewanie potwierdzone przez nowosybirskich naukowców [25, 26].

Wyniki te zostały szczegółowo omówione przez Akademickiego A. A. Akimova w [22], z którego to rysunku przedstawiamy (Ryc. 16).

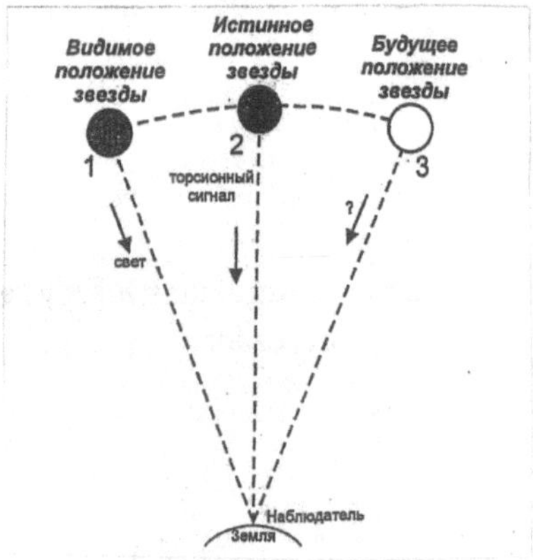

Rysunek 16. Obserwowanie gwiaździstego nieba.

Strumień czasu jest niczym innym jak sygnałem skręcającym pochodzącym z rzeczywistego położenia gwiazdy, której prędkość jest równa nieskończoności. Nie jest jednak jasne, dlaczego sygnał z przyszłości pochodzi z miejsca symetrycznie odległego od prawdziwego położenia gwiazdy. Pozwoliliśmy sobie odpowiedzieć na to pytanie.

W swoim wykładzie wideo [20], G. I. Shipov przytacza wyniki eksperymentów, które wskazują, że aura dowolnego obiektu znajduje się w symetrycznej odległości po obu jego stronach (Rys. 17). Aura jest skrętnym portretem obiektu. Dlatego jest prawdopodobne, że sygnały z przyszłości będą miały również charakter skręcający.

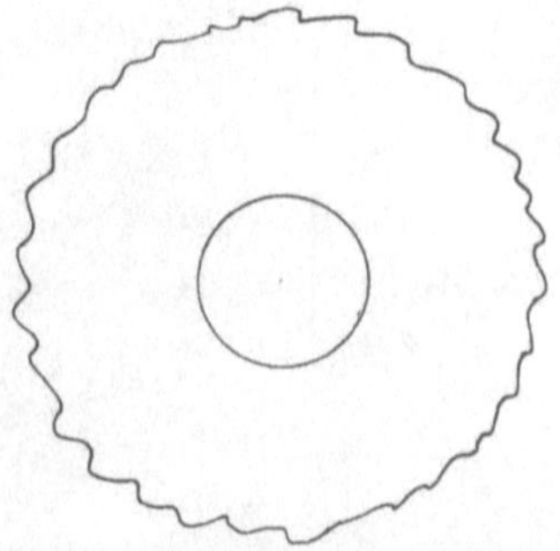

Rys. 17 Symetryczne rozmieszczenie aury

3.3.6. Światowa asymetria.

Badając właściwości fizyczne czasu, a także biorąc pod uwagę odkrycie Young'a i Lee na temat braku zachowania parytetu w słabych interakcjach, N. A. Kozyriew doszedł do wniosku o asymetrii świata. Jeśli w lustrze odbije się świat rzeczywisty, to wynikowy świat lustrzany będzie asymetryczny w stosunku do rzeczywistego. Napisał: "Ostatnio w fizyce jądrowej odkryto zjawiska, które pokazują nierówności świata i jego lustrzane odbicie. Autor dowiedział się o istnieniu tej asymetrii kilka lat temu, na podstawie danych astronomicznych.

Dane astronomiczne wskazują, że wspomniana asymetria świata istnieje z powodu asymetrii czasu, tj. z powodu obiektywnej różnicy między przyszłością a przeszłością" [8, s. 232].

W [27] rozpatrzyliśmy szczegółowo asymetrię Próżni Fizycznej opartej na fitonowym modelu Akimowa. Asymetria ta wynika z prawej i lewej strony pleców fitonów, które po odbiciu w lustrze zmieniają swój znak na przeciwny. I tak odbita Próżnia Fizyczna (Świat) nie jest równa (asymetryczna) próżni początkowej (Rys. 18).

W ten sposób błyskotliwa zgadywanka Kozyriewa jest błyskotliwie potwierdzona przez model fitonowy Akimowa, który jest podstawą teorii pól skrętnych.

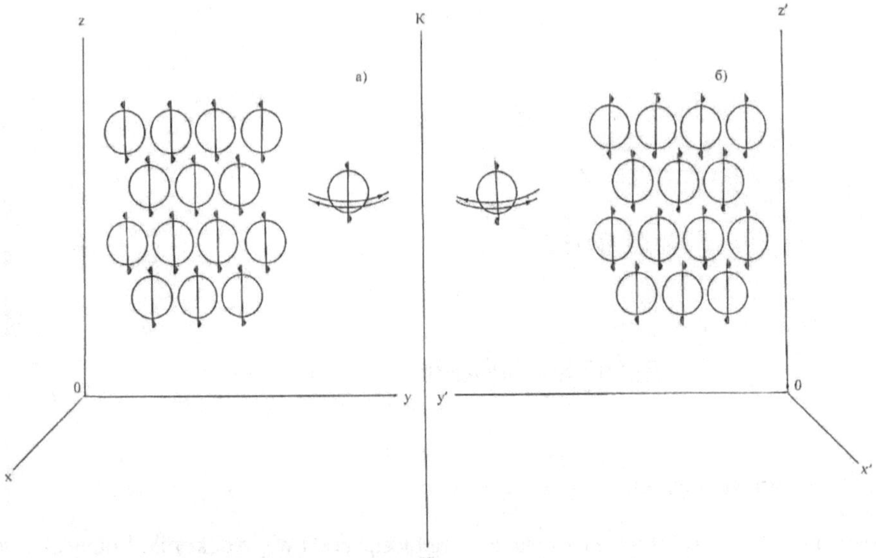

Rys. 18: Struktura próżni fizycznej w lustrzanym odbiciu a) stan początkowy; b) stan lustra; ' - lustro.

Literatura

1. Ivanica SV Physics. Najnowszy uniwersalny katalog uczniów i studentów. Donieck: LLC PKF "BAO", 2009. - – 560 c.

2. Konstrukcje czasu w naukach przyrodniczych: na drodze do pojęcia zjawiska czasu. Część 1. Badania interdyscyplinarne: Gromadzenie prac naukowych. Moskwa: Wydawnictwo Moskiewskiego Uniwersytetu Państwowego, 1966. - – 304 c.

3. Mueller R. Teraz. Fizyka czasu. Cyt. za: G. "Universe, Space, Time", 2017, № 8, s. 38.

4. Sommerfeld A. Fizyka w życiu mojego pokolenia. Moskwa: Nauka, 1963. - – 536 c.

5. Urodzona Teoria Relatywności M. Einsteina. Moskwa: Świat, 1972. –

368 c.

6. Einstein A. O specjalnej i ogólnej teorii względności / Zbiór prac naukowych w 4 t. T. 1. Praca nad teorią względności. 1905-1920. Moskwa: Nauka, 1965. - – 610 c.

7. Dirac P.A.M. Wspomnienia o niezwykłej epoce. Zebrane artykuły. M: Nauka, 1990. - – 208 c.

8. Kozyriew, N.A. Mechanika przyczynowa lub asymetryczna w podejściu liniowym (w języku rosyjskim) / N.A. Kozyriew. Wybrane prace. Sost. A. N. Dadaev, L. S. Shikhobalov. L.: Wydawnictwo LSU, 1991. - 448 s., s. 232-409.

9. Bilenkin D. Tajemnica czasu // Komsomolskaja Prawda, 1959, № 208, s. 4.

10. Lwowska Teoria W. Kozyrewa - spór naukowy // Newa, 1960, [1] 7, s. 141-150.

11. Valentinov V. Eternal Pendulum of the Universe // Socialist Industry, 1977, № 272, s. 4.

12. Valentinov V. Time Paradoxes // Przemysł socjalistyczny, 1986, № 238, s. 4.

13. Baraszenkow V. Te dziwne eksperymenty Kozyriewa... // Wiedza - władza, 1992, № 3, s. 4.

14. Barashenkov V. Rays from the Future // Znanie - Power, 1992, nr 4, s. 39-46.

15. Molchanov Yu. B. Time and Simultaneity in Albert Einstein's Theory // Problems of Philosophy, 1979, № 3, s. 47-56.

16. Mołczanow Yu. B. Rozwój i czas // Problemy filozoficzne, 1979, № 12, s. 61-72.

17. Shikhobalov, L.S. Causal mechanics, N.A. Kozyrev: analiza baz (w języku rosyjskim) / N.A. Kozyrev. Wybrane prace. Sost. A. N. Dadaev, L. S. Shikhobalov. L.: Wydawnictwo LSU, 1991. - 448 s., s. 410-432.

18. G.I. Shipov. Fizyczna teoria próżni. Moskwa: Nauka, 1997. - – 450 c.

19. Pola skrętne Wenger LA i niewyjaśnione zjawiska fizyki XX wieku. Mauritius: LAMBERT Academic Publishing, 2018. - – 105 p.

20. Shipov G.I. Physical vacuum, spin-torsion pól: problemy i technologie. Wideo wykład. USA, Detroit, 12 października 2013 r. //

https://www.youtube.com/watch?v=fFZ9K-f3Tq4

21. Lavrent'ev M.M., Eganova I.A., Lutset M.K., Fominykh S.F. About registration of substance reaction to external irreversible process // DAN USSR, 1991,T. 317, № 3, c. 635-639.

22. Akimov A. E. Obraz fizyki i techniki na początku XXI wieku. Nowosybirsk: Firma STANATM, 2003. - – 78 c.

23. Horyzonty nauki i techniki XXI wieku. Kolekcja dzieł MITPF. Pod redakcją naukowca RAENA AE Akimova. MITPH RAND, TORTECH USA, 1997. - – 190 c.

24. Kozyriew, N.A. Cechy struktury fizycznej komponentów dwugwiazdkowych (w języku rosyjskim) / N.A. Kozyriew. Wybrane prace. Sost. A. N. Dadaev, L. S. Shikhobalov. L.: Wydawnictwo LSU, 1991. - 448 s., s. 165-178.

25. Lavrent'ev, M.M.; Eganova, I.A.; Lutset, M.K.; Fominykh, S.F. About the stars distant influence on a resistor (in Russian) // DAN USSR, T.314, No 2, pp. 352-355.

26. Ławrentiew MM, Gusiew VA, Eganowa IA. Lutset, M.K.; Fominykh, S.F. O rejestracji prawdziwej pozycji Słońca (w języku rosyjskim) // DAN ZSRR, T.315, [1] 2, s. 368-370.

27. Venger L. Fall of Parity in weak Interactions in the Light of new Physical Theories // The International Journal of Engineering and Science (The IJES), 2018, Vol. 7, Issue 3, Version 1, pp. 53-60.

Rozdział 4. TRZECI ŚRODKI CZASOWE

4.1 Wskazania dotyczące skręcającego charakteru czasu

W poprzednich rozdziałach rozważaliśmy pojęcie czasu w filozofii i fizyce, a także staraliśmy się znaleźć zgodność z tym pojęciem w fizyce skrętnej. Dla lepszej widoczności, wyniki przedstawimy w formie tabeli.

Tabela

Pojęcia i fakty z filozofii i fizyki w terminologii skręcającej

Definicje filozoficzne i fizyczne	**Terminologia fizyki skręcania**
Rotacja jest głównym znaczeniem najstarszych pojęć czasu w różnych starożytnych językach.	Rotacja, ruch obrotowy - źródło pola skrętnego.
Według Arystotelesa, czas opiera się na ruchu kołowym (rotacyjnym).	Czas jest oparty na polu skręcania
Według Arystotelesa istnieje "Wieczny silnik", który wirując "czymś", generuje czas.	"Wieczny silnik" - matryce, plany - plany, które generują wirujące kwantowe wiry - pierwotne pole skrętne.
Stając się	Narodziny materii z Próżnia według planów, matryc informacyjnych i jej dalsza ewolucja w świecie materialnym
"Numer policzony" przez Arystotelesa.	Fizyczna rzeczywistość, w której zamknięte są informacyjne prototypy wszystkich esencji świata rzeczywistego na poziomach VII i VI.
Absolutna natura czasu w mechanice Newtona	Absolutny holograficzny charakter pola skrętnego dalekiego zasięgu
Względna natura czasu w teorii względności	Względna natura czasu jest związana z przyspieszaniem lub opóźnianiem układów grawitacyjnych przy prędkościach relatywistycznych, co powoduje, że próżnia fizyczna jest nieskompensowana i powstaje pole skrętne.
Substancja w mechanice przyczynowej Kozyriewa	Substancja polowa - Pole skręcające
Współdziałanie obiektów astrofizycznych (gwiazd podwójnych)	Interakcja pól skrętnych tych obiektów przez prawo podobieństwa

Lewa i prawa w mechanice przyczynowej.	Główna właściwość pól skrętnych, ze względu na obecność lewego i prawego pleców w Przyrodzie
Siły wspierające	Siły bezwładności, które są wyraźnym przejawem pól skręcających w makroświecie
Przydział czasu i absorpcja w nieodwracalnych procesach	Polaryzacja spinowa próżni fizycznej związana ze zmianą entropii
Gęstość czasowa na Kozyriewie	Częstotliwość i natężenie pola skrętnego
Sygnały z przyszłości	Promieniowanie skręcające aury obiektu gwiazdy przy braku samego obiektu
Asymetria pokoju	Asymetria fizycznych fitonów próżniowych składających się z wirów kwantowych z lewym prawym spinem

4.2 Mechanizmy skrętne procesu przejściowego

Zastanówmy się najpierw nad mechanizmami poszczególnych etapów procesu czasowego.

1. Wieczny silnik" jest aktywnym początkiem, aktywnym wpływem na programy, matrycą możliwego Absolutnego Niczego, prowadzącym do realizacji planów - koncepcji na niższych poziomach rzeczywistości.

2. "Liczby się liczą" są matrycami wszystkiego, co jest możliwe na niższych poziomach.

3. Formacja - implementacja matryc możliwych do przeprowadzenia przez kolejne przekształcenia:

PTP → Próżnia fizyczna → Cząstki elementarne → Gazy → Gazy.

→→ Ciecze →→ Ciała stałe

4. Interakcja według prawa o podobieństwach może być odzwierciedlona w bardzo prostym schemacie (Rys. 19).

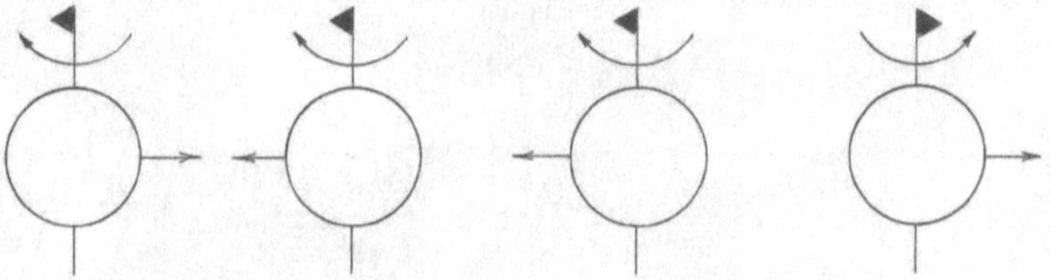

Rysunek 19: Jednostronne plecy (lewe) są przyciągane; wielokierunkowe plecy (prawe) są odsuwane.

5. Alokacja i absorpcja czasu to redukcja i wzrost (odpowiednio) informacji I związanych ze wzrostem i spadkiem entropii S (rys. 20).

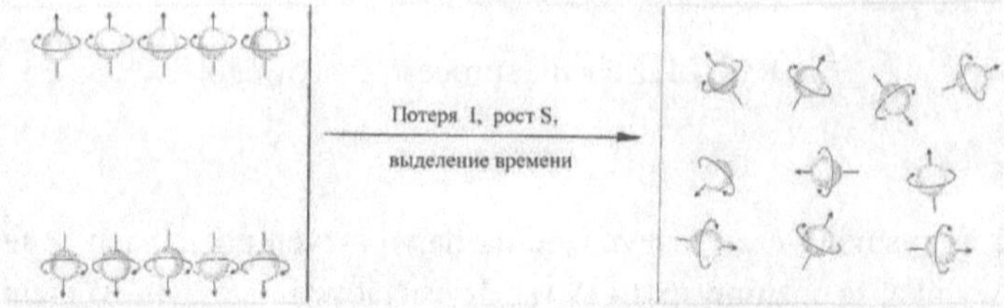

Rysunek 20: Przebudowy wirników w procesach nieodwracalnych

Proces odwrotny - zamówienie obrotów spowoduje wzrost informacji, tj. absorpcję czasu.

Rysunek 21 przedstawia schemat procesu czasowego - powstawania, wdrażania matryc możliwych, narodzin i ewolucji materii.

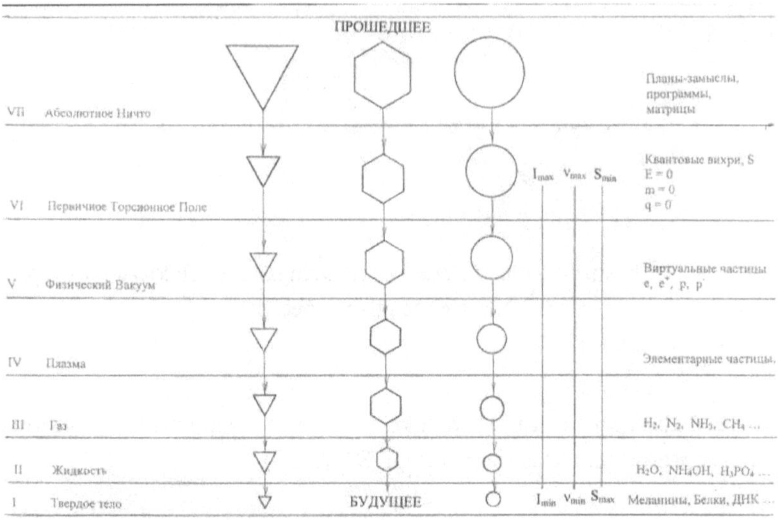

Rys. 21. Schemat procesu czasowego

Jak widać na rysunku, czas zaczyna się na najwyższych poziomach. Z teorii próżni fizycznej wynika, że poziomy te (I - IV) są dziesięciowymiarowym światem, w którym istnieje wielowymiarowa logika. My, jako mieszkańcy świata czterowymiarowego, posługujący się dwucyfrową logiką, nie jesteśmy w stanie zrozumieć, wizualizować i odbierać czasu. Dlatego jest to dla nas najbardziej tajemnicze i tajemnicze zjawisko na świecie.

Są jednak ludzie, których świadomość znajduje się na wyższych etapach rozwoju, co pozwala im "zaglądać" w dziesięciowymiarowy świat. To geniusze, jasnowidze, prorocy. Podobno takim człowiekiem był Wielki Grek, genialny Arystoteles, który pod każdym względem starał się przebić przez szczelinę poziomów materialnych i zrozumieć wysokie tajemnice Wszechświata. I on to zrobił.

Geniusz Einstein pokonał również "ziemskie" przeszkody swoimi umysłowymi eksperymentami i podniósł ludzką świadomość do świata czterech wymiarów i pokazał, że czas jest względny.

Ale dla zwykłych ludzi czas to czysty czas trwania, który jest postrzegany poprzez zmianę wydarzeń w świecie materialnym.

Rozdział 5. DOWODY SKRĘCAJĄCE

W sowieckiej literaturze filozoficznej wielokrotnie podnoszono kwestię innych form czasu niż czas fizyczny. To czas "biologiczny", "psychologiczny", "społeczny". Te formy czasu mogą znacznie różnić się właściwościami metrycznymi i topologicznymi od czasu fizycznego. Kwestia ta została najgłębiej i najdokładniej opracowana przez wybitnego sowieckiego filozofa A. M. Mospanenkę [1-6]. Naszym zdaniem, niektóre pojęcia i fakty przedstawione w tych pracach, jak również związek czasu z informacją [7], mogą służyć jako dowód na skrętny charakter czasu. Rozważmy te fakty bardziej szczegółowo w świetle wypracowanych tu pomysłów.

5.1 Czas biologiczny

Kiedy mówią o czasie biologicznym, mają na myśli to, że każdy żywy organizm ma "zegar biologiczny". Bierze się pod uwagę, że zasada działania zegara biologicznego może się znacznie różnić od zasady działania zegara fizycznego. Sam fakt istnienia zegara biologicznego jest autentycznie potwierdzony przez wybitnego radzieckiego biofizyka S. S. Pavlovsky'ego. E. Shnolem [8-11].

Na przykład embriony żab, które mają ten sam wiek w naszym czasie fizycznym, ale są w różnych temperaturach, mają inny wiek w czasie biologicznym, różniący się od siebie w rozwoju. Fakt ten sugeruje, że czas biologiczny może nie pokrywać się z czasem fizycznym.

Ponadto, badając procesy gojenia się ran i wzrostu kultur tkankowych stwierdzono, że czas fizyczny płynie czterokrotnie szybciej u mężczyzny w ciągu 50 lat niż u dziesięciolatka [1, s. 195]. Fakt ten wiąże się ze spadkiem aktywności fizjologicznej wraz z wiekiem. Wyjaśnienie tego zjawiska próbowano znaleźć za pomocą konkretnych form czasoprzestrzennych. Naukowiec Vernadsky uważał, że przestrzeń żywego organizmu (przestrzeń biologiczna) ma inną geometrię i można ją porównać z jedną z przestrzeni rzymskich. Nie zaproponowano jednak żadnego odpowiedniego mechanizmu.

Teoria pól skrętnych przyjęła koncepcję, że to, co nazywane jest polem biologicznym na ściśle naukowym poziomie, jest polem skręcanym lub spolaryzowaną fizycznie próżnią spinovo w przestrzeni wokół żywego organizmu. A jeśli czas ma charakter skręcający, to nieuchronnie będą obserwowane zjawiska związane z różnicami w czasie fizycznym i biologicznym. W ten sposób intensywność i częstość występowania bio-pola zmniejsza się wraz z wiekiem, a entropia wzrasta, co prowadzi do zmniejszenia kolejności wirowania bio-pola układu żywego (rys. 22).

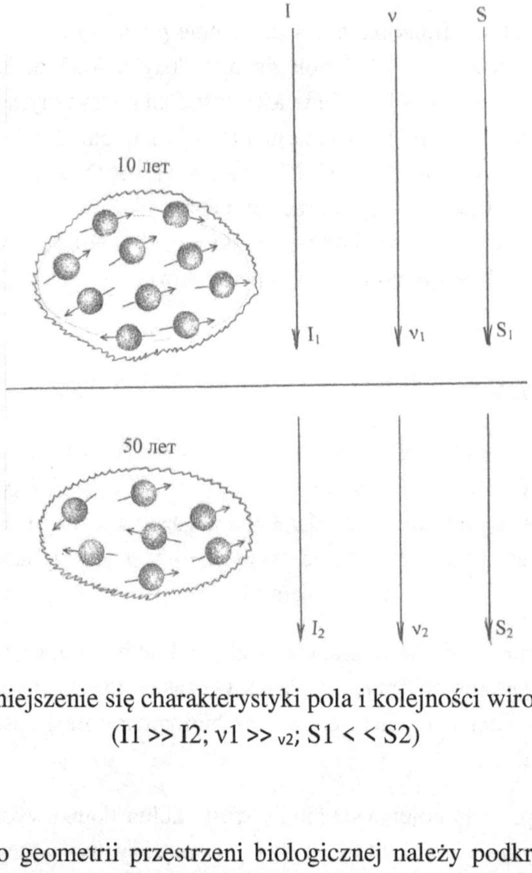

Rysunek 22: Zmniejszenie się charakterystyki pola i kolejności wirowania z wiekiem ($I1 >> I2$; $\nu 1 >> \nu_2$; $S1 < < S2$)

W odniesieniu do geometrii przestrzeni biologicznej należy podkreślić, że jest ona bardziej złożona niż geometria rzymska i reprezentuje geometrię absolutnego paralelizmu Weitzenbecka (zob. rozdział 1).

5.2 Czas psychologiczny

Czas psychologiczny to najtrudniejszy problem. Uważa się, że jest to czas czysto indywidualny, z którym związane są wszystkie zjawiska psychofizyczne świata rzeczywistego. Są to nasze myśli, obrazy, sny, halucynacje, zjawiska telepatii, przewidywanie, itp. W związku z tym pojawia się pytanie: w jakiej przestrzeni fizycznej i jak są one zlokalizowane? Istnieje hipoteza, że zjawiska te zlokalizowane są w specjalnej przestrzeni nie euklidesowej o specyficznych właściwościach metrycznych i topologicznych.

Zgodnie z nowymi teoriami fizycznymi wszystkie zjawiska psychofizyczne, w tym te wymienione powyżej, są powodowane przez oddziaływania skrętne i unikalne właściwości pól skrętnych [12, 13]. Przestrzeń, w której zlokalizowane są te fenomenalne zjawiska, to ludzka świadomość lub spolaryzowana fizyczna próżnia wokół ludzkiego mózgu [14]. Wcześniej badaliśmy mechanizmy myślenia i pamięci, które naszym zdaniem stanowią podstawę tego, co nazywamy czasem psychologicznym [15].

5.3 Czas socjalny

Czas społeczny jest jeszcze trudniejszym problemem niż czas psychologiczny. W filozofii i socjologii pojęcie to jest nierozłącznie związane z przestrzenią i dlatego jest określane jako przestrzeń i czas społeczny. Uważa się, że społeczna przestrzeń czasoprzestrzenna jest syntezą indywidualnych przestrzeni i czasów i jest tworzona na podstawie wzajemnego zrozumienia między jednostkami, grupami i społeczeństwami.

Z punktu widzenia socjometrii istnieje szczególny czynnik interakcji społecznej, który tworzy przestrzenie społeczne i struktury społeczne. Ten czynnik nazywany jest "faktorem". Nie jest znana jego materialna podstawa. Socjometria pozwala na istnienie szczególnego "pola społecznego" leżącego u podstaw interakcji społecznej. Co więcej, sugeruje się, że struktura tego pola społecznego wynika z właściwości społecznej czasoprzestrzeni.

Naszym zdaniem, pole społeczne, społeczna przestrzeń czasu są uwarunkowane przez zbiorową świadomość ludzi, członków danego społeczeństwa. Ponieważ świadomość ludzka ma charakter skręcający, pole społeczne nie jest niczym innym jak zbiorowym polem skręcającym właściwym dla poszczególnych społeczności. W eniologii nazywa się to egregor [16]. Eggregor odgrywa rolę przewodnią i dystrybucyjną dla każdej jednostki, społeczności, rodziny, etnosu, państwa, narodu.

Pod tym względem jest to pole skrętne, dzięki swojej nieskończonej prędkości transmisji i całkowitej przepuszczalności, czyli "telefaktor" odpowiedzialny za społeczną czasoprzestrzeń.

5.4 Czas i informacje

Ponad 50 lat temu istniała hipoteza, że w procesie poznawczym, czyli w procesie akumulacji informacji, czas zaczyna płynąć coraz wolniej [17]. Można to przedstawić w formie poniższego wykresu (rys. 23).

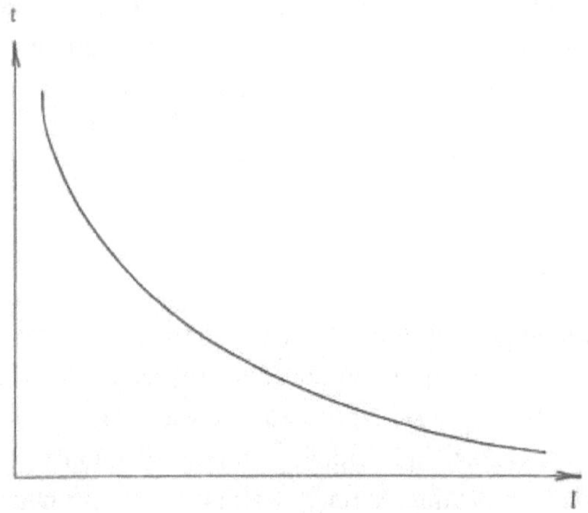

Rys. 23 Zależność czasu od informacji

W rzeczywistości oznacza to, że wzrost zawartości informacyjnej systemu, w szczególności wiedzy naukowej, jest powodem skrócenia czasu jego trwania (czasu). Mechanizm tego spowolnienia pozostaje jednak niejasny. Autor tego dzieła [7] wyraził nadzieję, że "pewnego dnia w przyszłości będzie można połączyć pojęcie czasu z wyższymi cechami ruchu, z pojęciem entropii i porządku".

Wierzymy, że ta hipoteza ilustruje skręcającą naturę czasu. Tak jak relatywistyczne opóźnienie czasowe jest spowodowane krzywizną przestrzeni, tak opóźnienie informacyjne jest spowodowane ruchem "wyższej jakości", czyli skręceniem przestrzeni i wyższą kolejnością wirowań w tej przestrzeni.

Jeśli spojrzymy na rysunek 21, zobaczymy, że cały proces czasowy (od macierzy możliwego do rzeczywistego świata) jest związany z utratą intensywności i częstotliwości pola skrętnego. A to prowadzi do zmniejszenia porządku w układzie i zwiększenia entropii (Rysunek 24). Jeśli jednak obiekt uczestniczy w procesie poznawczym, szczególnie naukowym, będzie on wystawiony na promieniowanie skręcające (informacyjne) od strony "wiedzy", uporządkowanej struktury spinowej o wyższej charakterystyce pola, która zrekompensuje jego utratę przez obiekt w trakcie życia (Rys. 25).

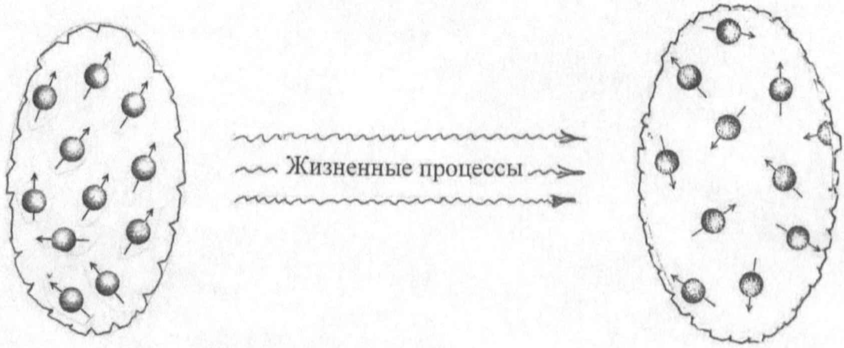

Rys. 24. Spadek informacji i porządku w systemie zwykłego przedmiotu

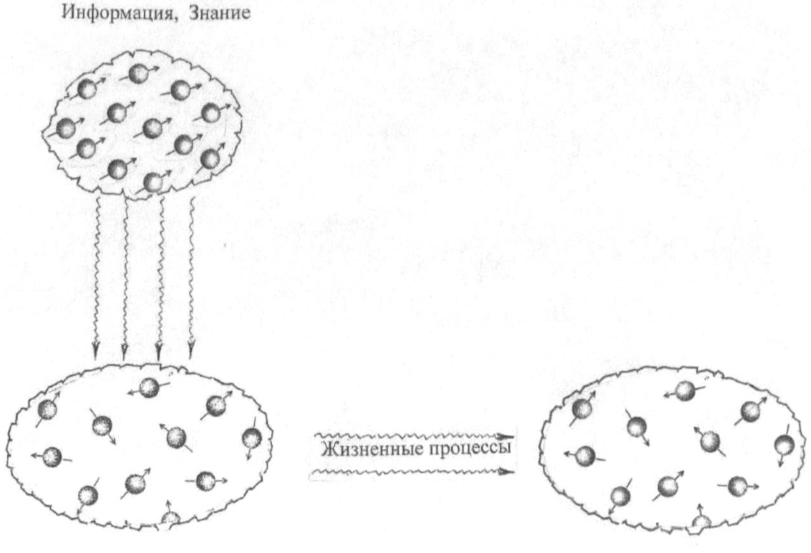

Rys. 25. Zachowanie informacji i porządku w systemie poznawania podmiotu

Na zewnątrz, wygląda to na krótszy czas trwania. Dlatego I. Zeman [7] ma absolutną rację w tym, że "czas poznającego podmiotu płynie wolniej". Tak, to naprawdę zwalnia z powodu skręcającej natury czasu.

Literatura

1. Mospanenko A. M. Problem uniwersalności podstawowych właściwości przestrzeni i czasu. L.: Nauka, 1969. - – 230 c.

2. Mospanenko A. M. Przestrzeń, czas i poznawanie fizyczne. Moskwa: Atomizdat, 1975. - – 216 c.

3. Mospanenko A. M. Chronogeometry and Causal Theory of Time // Problemy filozoficzne, 1969, № 9, s. 56-66.

4. Mospanenko A. M. Do problemu wymiaru czasu // Problemy filozofii // 1965, № 7, s. 84-94.

5. Mospanenko A. M. Przestrzeń i czas w makro-, mega- i mikroświecie. M.: Politizdat, 1974. - – 240 c.

6. Mospanenko A. M., Mospanenko M. B. Cztery wymiary przestrzeni i czasu. M. - L.: Postępy, 1966. - – 190 c.

7. Zeman E. Wiedza i informacja. Problemy psychologiczne cybernetyki. Moskwa: Postęp, 1966. - – 254 c.

8. Shnol S.E. Influence of light and properties of external environment on amplitude of "conformational" oscillations of actomyosin // Biophysics, 1968, T.13, vol. 5, pp. 853-858.

9. Columbet V.A., Ivanova N.P., Britsyna T.Ya., Shnol S.E. Spectrum of macroscopic fluctuations of the creatine kinase enzymatic activity // Biophysics, 1980, T.25, str. 213-217.

10. Shnol S.E., Udaltsova N.V., Bodrova N.B., Columbet V.A. Discrete macroscopic fluctuations in processes of different nature // Biophysics, 1989, T.34, vol. 4, c. 711-722.

Shnol S.E. Correlation of amplitude spectra shape of macroscopic fluctuations with the Moon's position relative to the horizon (in Russian) // Biophysics, 1989,T. 34, numer 5, s. 911-912.

Akimow, A.E.; Bingi, W.N. O fizyce i psychofizyce (po rosyjsku) // Świadomość i świat fizyczny. Zebrane artykuły. Okay. 1. Pod redakcją akademików. A. E. Akimova. M: Wydawnictwo Yachtsman Agency, 1995. - 146 s., s. 104-125.

13. Akimov AE, Bingi VN Computers, mózg i wszechświat. Jestem w tym samym miejscu, z... 104-125.

14. Akimov A.E., Shipov G.I. Consciousness, Physics of Torsion Fields and Torsion Technologies // Consciousness and Physical Reality, 1996, T.1, No. 1-2, pp. 66-72.

15. Venger L. Melanins are Biological Diamonds // International Journal of Engineering and Applications, 2017, Vol. 7, Issue 6, pp. 40-48.

16. Zwięzły encyklopedyczny słownik eniologiczny (podręcznik). Odessa: Wydawnictwo ENIO, 2002. - 408 s., s. 357.

PODSUMOWANIE

Problem czasu jest jednym z najtrudniejszych problemów filozofii i fizyki. Podnieca ona umysły wybitnych filozofów, myślicieli, naukowców od ponad dwóch i pół tysiąca lat. Fakt, że w tak długiej historii nie było możliwe wyjaśnienie zjawiska czasu, sugeruje, że w ramach klasycznych idei naukowych wyjaśnienie to w ogóle nie jest możliwe.

Z drugiej strony, istota czasu w filozofii jest związana z ruchem obrotowym. A nawet samo słowo "czas" w różnych kulturach językowych oznacza "obrót", "kradzież", "ruch w kole", "tor koła" itp.

To właśnie te fakty, które wskazują na związek czasu z ruchem obrotowym, doprowadziły do zwrócenia uwagi na nowe teorie fizyczne, u podstaw których leży nowy rodzaj oddziaływania - dalekosiężne pole skrętne, jakie generowane jest przez obrót. Ponadto, te nowe teorie (teoria próżni fizycznej i teoria pól skrętnych) zasadniczo zmieniły nasze rozumienie Wszechświata i pozwoliły nam wyjaśnić wiele zjawisk naukowych.

Analiza niektórych danych literackich i faktów zarówno z zakresu filozofii, jak i fizyki w świetle nowych idei naukowych wskazuje, że zjawisko czasu ma charakter skręcający. Ruch, który Arystoteles kojarzy z naturą czasu, jest ruchem obrotowym kwantowych wirów czasoprzestrzeni lub Pierwotnego Pola Skrętu.

"Wieczny silnik Arystotelesa odpowiada najwyższemu poziomowi rzeczywistości, zwanemu Absolutnym Niczym". Wprowadzona przez Arystotelesa "liczba policzona" to matryce możliwych, planów na najwyższe poziomy rzeczywistości. Zawierają one prototypy wszystkich esencji świata materialnego.

Szeroko rozpowszechnione w filozofii pojęcie "formacji" jest niczym innym jak procesem narodzin materii z Próżnia i jej dalszej ewolucji w świecie materii. Formacja to proces przekształcania informacji w materię podczas ewolucji rodzącej się materii. W kategoriach ezoterycznych można powiedzieć, że formacja jest procesem "upadku" Ducha w Materialność. I proces ten przebiega w czasie, który w świecie Materii postrzegamy jako czas trwania i sekwencję zdarzeń.

Mechanika przyczynowa N. A. Kozyreva właściwie opisuje efekty działania pól skrętnych. Założenia i postulaty mechaniki przyczynowej nie są sprzeczne i w pełni odpowiadają zapisom teorii próżni fizycznej i teorii pól skrętnych. Promienie czasowe to promieniowanie skręcające obiektów astrofizycznych. Czas koziorożca to w rzeczywistości promieniowanie skręcające obiektu zdolnego do zmiany entropii układów fizycznych. Fitonowy model fizycznej próżni Akimowa potwierdza wniosek N. A. Kozyriewa o asymetrii świata.

Na podstawie wszystkiego, co zostało powiedziane, nie możemy powiedzieć, co to jest czas, ale możemy twierdzić, że czas jest dokładnie tym TH, który wyzwala proces wcielania się możliwych matryc, proces narodzin materii z Próżnia i jej dalszej ewolucji. W procesie tym, efekty pola skręcającego są realizowane praktycznie na wszystkich poziomach rzeczywistości fizycznej:

- kwantowe wiry pierwotnego pola skrętnego;

- fitony fizycznej próżni;

- cząsteczki wirtualne;

- cząsteczki elementarne;

- Atomy;

- molekuły;

- Gazy;

- Płyny;

- ciała stałe;

- Żywe organizmy.

Ponieważ czas jest przedmiotem dziesięciowymiarowego świata, nie jest on postrzegany jako przedmiot czterowymiarowego świata, w szczególności przez zwykłych ludzi. Czas może być postrzegany tylko przez ludzką świadomość, która również ma charakter skrętny.

I na koniec, postaramy się uzyskać odpowiedzi na pytania zawarte we Wprowadzeniu, które mają miejsce w nauce czasu, a w szczególności na pytania Arystotelesa.

1. Czas jest obszarem obiektywnym.

2. Czas jest określony przez duchowy początek, ponieważ VII i VI poziomy rzeczywistości odpowiadają Świadomości i Informacji.

3. Czas jest z pewnością podstawową właściwością świata rzeczywistego, ponieważ pole skrętne jest podstawą Totalu.

4. Czas jest niezależną duchową istotą wraz z systemami materialnymi.

5. Oczywiście, czas jest wielowymiarową istotą. Z punktu widzenia współczesnej wiedzy czas jest dziesięciowymiarową esencją.

6. Czas jest taki sam dla wszystkich poziomów: mikro, makro i megamir.

7. Czas jest najprawdopodobniej przerwany, ponieważ struktura fitonowa samej próżni fizycznej jest przerwana.

8. Najwyraźniej zmienność świata jest osadzona w samych matrycach, planach i schematach na poziomie Absolute Nothing. I jest to realizowane w procesach formacyjnych.

9. Jest to proces czasowy, który przechodzi przyczynę w konsekwencję, ponieważ pole skrętne zawiera wszystkie możliwości świata materialnego.

10. Kolejność zdarzeń jest z góry określona przez matryce możliwe na poziomie VII, i jest realizowana poprzez właściwości pól skrętnych.

11. Najwyraźniej tak samo jak Arystoteles, czyli nie tylko liczba, ale "liczba do odczytania", czyli byt fizyczny, z którym informacja jest konsekwentnie odczytywana. Później, zgodnie z tymi informacjami, stopniowo realizowany jest proces materializacji lub formowania.

12. Tak, ludzkie "ciało" ma specjalny organ postrzegania czasu. Organ ten jest Świadomością osoby o skręcającej naturze i będącej *poza ciałem*, wokół mózgu osoby, jak aureola na głowach świętych.

Pozostaje tylko dodać, co następuje. Skoro pole skręcające przenika cały wszechświat i wszystkie obiekty naszego świata, to czas rzeczywiście wydaje się być tym nieubłaganym przepływem płynącym z przeszłości do przyszłości i przenikającym ludzką świadomość, o którym pisał Hans Reichenbach.

ZAŁĄCZNIKI

1. Istnieją inne prawa w mikroświecie

Od czasu do czasu pojawiają się artykuły w publikacjach naukowych i popularnonaukowych, których autorzy starają się udowodnić naukową inwalidztwo teorii próżni fizycznej i teorii pól skrętnych. Podstawą tego jest nieskończona prędkość sygnałów skręcających, co jest sprzeczne z teorią względności, a także rzekome naruszenie praw ochronnych, w szczególności prawa zachowania pędu.

Wcześniej wykazano, że jeśli wziąć pod uwagę dziesięciowymiarowość i topologiczne właściwości przestrzeni pól skrętnych oraz czterowymiarowość przestrzeni teorii względności, to w rzeczywistości nie ma sprzeczności, a prędkość transmisji sygnałów nie jest ograniczona prędkością światła [1].

Ponadto, jeden ważny fakt zwraca uwagę. Przez wiele dziesięcioleci, na długo przed pojawieniem się teorii próżni fizycznej i teorii pól skrętnych, z jakiegokolwiek związku z polami skrętnymi, wielu fizyków świata, w tym tak znanych nazwisk jak A. Einstein, D. Gilbert, B. Roman, R. Penrose, zwracało uwagę na fakt, że w mikroświecie, jak się wydaje, obowiązują inne prawa. Wierzą oni, że w mikroświecie istnieje inna geometria, a czasoprzestrzeń zyskuje inne właściwości. Zatem błędem byłoby ekstrapolowanie praw makrokosmosu na mikrokosmos. Prowadzi to nieuchronnie do pozornego "naruszenia" praw ochrony i pojawienia się paradoksów, takich jak aporie zenonu Eliasza ("Achilles i żółw", "Dychotomia" itp.), kiedy na przykład szybko leżący Achilles nie może dogonić żółwia. W związku z tym wszystkie zarzuty i wyrzuty dotyczące teorii próżni fizycznej i teorii pól skrętnych są naukowo nieuzasadnione i naukowo nie do przyjęcia.

Aby uzyskać pełniejszy i bardziej ilustracyjny obraz na ten temat, przytaczamy dalej prace znanych naukowców. Cytaty podane są w kolejności alfabetycznej nazwisk autorów.

Aronov R. A.

"Z punktu widzenia Rzymian istnieje dyskretna przestrzeń, która realizuje się pozornie w bardzo małych obszarach przestrzeni, gdzie ciała i procesy mają jakościowo inne właściwości niż w mikrokosmosie" [2].

Aronov R. A.

"**Poza** deskową skalą długości (10-33 cm) i czasu (10-43 s) działa inna geometria, nie Romanowa, a przestrzeń i czas mogą mieć jakościowo różne właściwości metryczne i topologiczne" [3].

Aronov R. A.

"Fizyka cząstek elementarnych w żadnym wypadku nie wskazuje na zanik przestrzeni i czasu w mikrokosmosie, ani na związaną z tym potrzebę porzucenia pojęcia przestrzeni i czasu w teorii. Zaprzecza ona jedynie zasadności ekstrapolacji do mikrokosmosu klasycznych pojęć przestrzeni i czasu oraz kwestionuje zasadność podobnych ekstrapolacji do mikrokosmosu czasoprzestrzeni pojęć teorii względności" [4].

Akchurin I. A.

"Uważamy za całkiem możliwe zasugerowanie, że w mikrokosmosie w odległościach rzędu jednego gospodarstwa (10-13 cm) następuje przejście od zwykłej topologii makrokosmosu do fundamentalnie nowej topologii mapowania Grotendica... Podobno w przyrodzie, w fizyce mogą być nie tylko różne geometrie, ale i różne teorie zbiorów". [5].

Akhundov MD, Orudzhev ZM.

"Analizując specyfikę ruchu w mikrokosmosie w związku z rozważaniami nad aporiami Zenona Hilberta D. napisał, że istnieją wszelkie powody, by wątpić, że podział ruchu na nieskończoność da nam coś, co można jeszcze nazwać ruchem... Dołączamy do R. A. w jego opinii. Aronova, zgodnie z którą ekstrapolacja klasycznych pojęć przestrzeni i czasu na odległości mniejsze niż 10 jest niewłaściwa nie dlatego, że nie istnieją odległości i odstępy czasowe, ale dlatego, że poza tą granicą przestrzeń i czas mają jakościowo nowe właściwości" [6].

Barashenkov VS.

"W literaturze często podkreśla się, że eliminacja trudności współczesnej teorii kwantowej wynika z konieczności dokonania pewnych bardzo istotnych zmian w naszych koncepcjach przestrzennych i czasowych.

Należy się spodziewać, że w miarę jak zagłębiamy się w pole konkretnych zjawisk subatomowych, powinny pojawić się wyraźniej pewne nowe jakości przestrzeni i czasu, znacznie różniące się od tych, z którymi mamy do czynienia w codziennym życiu" [7].

Barashenkov VS.

"Odległości około 10-33 cm są "cechą skrajną", za którą przestrzeń, jak przewiduje współczesna teoria, przekształca się w tak niezwykłe formy, że nie możemy sobie nawet wyobrazić... Teoria wskazuje, że w odległości około 10-33 cm w próżni zachodzą tak gwałtowne procesy spontanicznego narodzenia i przemiany materii w promieniowanie, że przestrzeń staje się niestabilna.

Odstęp 10-33 cm to minimalna "porcja", kwant przestrzeni. Mniejsze interwały są prawie całkowicie samozamykające się i stają się niedostępne dla zewnętrznych obserwacji... Nie jest jasne, jak prawna jest tak daleko idąca ekstrapolacja znanych nam praw fizycznych. Możliwe, że natura "ultimikrokosmosu" jest zupełnie inna" [8].

Blokhintsev D. I.

"Trudności współczesnej teorii wiążą się z błędnymi reprezentacjami geometrycznymi przy opisywaniu oddziaływań cząstek elementarnych w małych odległościach.

Obecność struktury w cząstkach elementarnych stawia pod znakiem zapytania możliwość precyzyjnego wyznaczenia współrzędnych cząstek elementarnych x, y, z, t, a tym bardziej współrzędnych elementów tworzących te cząstki. W związku z tym, istnieje wątpliwość co do logicznej regularności użycia symboli x, y, z, t jako współrzędnych przestrzennych i czasowych odpowiednich do opisania zjawisk wewnątrz cząstek elementarnych.

Czy relacje czasoprzestrzenne nie powinny radykalnie zmienić się w obszarze tak małej skali, typowej dla świata cząstek elementarnych?

Można założyć, że zwykłe relacje geometryczne tracą siłę na małych odległościach z powodu zmiany charakteru zjawisk, które występują na małych odległościach i w małych odstępach czasu.

W tym sensie należy się spodziewać istnienia pewnej "elementarnej długości" a, która charakteryzowałaby skalę ograniczającą zastosowanie zwykłych związków przyczynowo-skutkowych po stronie dużych |x| i dużych |t|, gdyż |x| i |t| zbliżają się do skali.

a. Ewentualne znaczenie takiej skali dla fizyki cząstek elementarnych po raz pierwszy wspomniano w pracach G. V. Vatagina (1934) i A. M. Markova (1940).

Później idea istnienia skali, która ogranicza obszar stosowalności współczesnej teorii kwantowej i, być mo e, teorii względności, była wielokrotnie wskrzeszana w ró nych formach, a w tym czasie myśl teoretyczna wielokrotnie do niej powraca" [9].

Vyaltsev A. H.

"Hilbert, próbując znaleźć radykalne rozwiązanie paradoksów Zenonu, powiedział: "Nie musimy wierzyć, że przestrzenno-czasowy obraz ruchu ma fizyczne znaczenie dla jakiegokolwiek małego obszaru przestrzeni i czasu; wręcz przeciwnie, istnieją wszelkie powody, by wątpić, że podział ruchu na nieskończoność da nam coś, co można jeszcze nazwać ruchem.

Po drugiej stronie granicy załamują się prawa elektrodynamiki, prawa teorii względności tracą swoją siłę. Prawa teorii kwantowej są nieaktywne. W obliczu tego wielkiego fiaska może łatwo pojawić się pytanie, czy same pojęcia przestrzeni i czasu są tam przechowywane, w elementarnych odstępach czasu! [10].

Gott VS, Pereturin A. Ф.

"Prawo zachowania i przemiany energii jest jedną z najważniejszych form przejawów w naturze ogólnego prawa dialektycznego świata - prawa zachowania i przemiany form ruchu materii... Nie jest wykluczona możliwość odkrycia nowych rodzajów energii. Mając to na uwadze, Akademicki V. A. Hambardzumyan pisze: "Już skąpe fakty świadczą o tym, że dane te mogą prowadzić do sprzeczności z prawem zachowania energii (i substancji) w jego nowoczesnej formie". [11].

Markov M.A.

"Czy naprawdę niemożliwe staje się dla nas dokładne poznanie świata zewnętrznego... Przede wszystkim należy przeanalizować sam charakter wiedzy o mikroświecie, który jest pełen specyficznych cech.

Co to za wyjątkowość? Współczesna teoria mikro-świata jest teorią kwantową. Mikro-detekcja jest obserwowana za pomocą urządzenia makroskopowego. Ten makroskopowy instrument ustanawia połączenie między eksperymentatorem a mikrozdarzeniem. Obraz mikro-wygląd jest odtwarzany przez wyniki działania urządzenia makroskopowego, do którego odnosi się mechanika klasyczna" [12].

Markov M.A.

"Niespodziewanie, świat słabszych interakcji okazał się znacznie inny niż wcześniej sądzono. Pytanie brzmi: Czy są jakieś aktualne sposoby na zrozumienie specyfiki słabych interakcji? Można by pomyśleć na przykład, że jest to kwestia dalszej zmiany naszego rozumienia przestrzeni i czasu w procesie ludzkiej działalności makroskopowej, która staje się nieodpowiednia w innym obszarze zjawisk fizycznych. Dlatego w oddziaływaniach słabych znanych "norm zachowania" cząstek występują naruszenia [13].

Markov M.A.

"Klasyczna mechanika makroskopowa okazała się nie do przyjęcia dla mikroświata. Współczesna teoria mikroświata to tak zwana teoria kwantowa. Struktura teorii kwantowej jest w przybliżeniu następująca: mikroekspresja jest obserwowana przez makroskopowe urządzenie. Ten makroskopowy instrument ustanawia połączenie między eksperymentatorem a mikrozdarzeniem. Obraz mikro-wygląd jest odtwarzany przez wyniki makroskopowego urządzenia, do którego stosuje się mechanikę klasyczną. Wyniki obserwacji wyrażamy więc naturalnie w pojęciach mechaniki klasycznej, na przykład w pojęciach pędu i współrzędnych.

Okoliczność ta nakłada znany makroskopowy odcisk na naturę naszej wiedzy o mikrokosmosie, na jego zewnętrzną formę, na "język" tej wiedzy, na obrazy. Ta makroskopijna forma wiedzy o mikrokosmosie jest przede wszystkim przedmiotem uważnych badań" [14].

Mospanenko A. M.

"Paradoksy powstają, gdy koncepcje makrospace i makrotime zaczynają ekstrapolować na mikroobiekty "jako takie" (którymi nie są). Innymi słowy, starają się one ujawnić mechanizm zachowania mikroobiektów "same w sobie" w tym fizycznym.

przestrzeń, która jest dla nich "obca", w której nie mogą istnieć.

W paradoksie EPR wydaje się dziwne, że cząstki natychmiast oddziałują na siebie na dużych odległościach. Ale mikrocząsteczki nie muszą być zlokalizowane w makroskopijnej czasoprzestrzeni. Jest możliwe, że są one zlokalizowane w mikro-przestrzeni o określonej metryce i topologii, tak że "daleko" w naszej makro-przestrzeni będzie odpowiadało "blisko" w mikro-przestrzeni. Istnieje możliwość zmiany praw ruchu i relacji czasoprzestrzennych w przejściu do małej skali. Dlatego właśnie powstają logiczne sprzeczności i paradoksy" [15].

Panczenko A. I.

"Zenon aporias wskazał na nieadekwatność naszych koncepcji ruchu w "małych" jako ekstrapolację na ten obszar ugruntowanych koncepcji fizyki makroskopowej" [16].

Penrose R.

"Zgodnie z nowoczesną teorią, wszystkie zjawiska fizyczne zachodzą w ramach pewnej różnorodności różnicowej zwanej kontinuum czasoprzestrzennym. Jesteśmy tak przyzwyczajeni do tego pomysłu. Że ta struktura przestrzeni i czasu wydaje się nam teraz prawie "oczywista". W czasach Zenona nie było tak dokładnego wyobrażenia o kontinuum. Pojawiły się trudności z pojęciem granicznego przejścia w przestrzeni lub w czasie.

Twierdzenie, że czasoprzestrzeń tworzy kontinuum zakłada utrzymanie jej ciągłej struktury bez względu na to, jakim "powiększeniem" ją uznamy. Ale nie jest wcale oczywiste, że ta ciągłość jest zachowana na dość małą skalę, gdzie efekty kwantowe zaczynają odgrywać znaczącą rolę. Tutaj kwantowe wahania krzywizny czasoprzestrzeni stają się wystarczająco silne, aby zmienić topologię, a czasoprzestrzeń musi być czymś w rodzaju bezładnego narzucania różnych topologii". [17].

Petrov Yu.

"Jedną z przyczyn sprzeczności, powstających przy wykazywaniu ruchu, jest nieuzasadnione przenoszenie własności powierzchni końcowej obiektów materialnych na nieskończoną powierzchnię obiektów matematycznych (idealnych) (punktów, momentów, itp.)" [18].

Roman B.

"Pytania o relacje metryczne przestrzeni w niezmiernie małych wymiarach nie należą do jałowych... Empiryczne pojęcia, na których opiera się ustanowienie relacji metrycznych przestrzeni, pojęcia ciała stałego i promienia świetlnego wydają się tracić wszelką pewność w nieskończenie małych. Jest więc całkiem możliwe, że metryczne relacje przestrzeni w nieskończoność nie spełniają założeń geometrycznych" [19].

Chudinov E. M.

"Zakładamy, że prawdziwa czasoprzestrzeń jest kontinuum. Gilbert i Bernice zauważyli w tym względzie: "Nie musimy koniecznie wierzyć, że matematyczna czasoprzestrzenna reprezentacja ruchu ma fizyczne znaczenie dla arbitralnie małych odstępów czasu i przestrzeni; mamy raczej wszelkie powody, by sądzić, że ten model matematyczny ekstrapoluje fakty z jakiegoś obszaru doświadczenia, a mianowicie z obszaru ruchów... W rzeczywistości nieskończoność nie została nam dana, a została jedynie ekstrapolowana poprzez jakiś proces intelektualny.

Założenie nieskończonej odrębności przestrzeni fizycznej i czasu nie jest stwierdzeniem wynikającym z samej fizyki, lecz wprowadzonym do fizyki przez matematykę" [20].

Einstein A.

"Interpretacja chronionej tu geometrii nie może być stosowana bezpośrednio do przestrzeni submolekularnych (mniejszych niż cząsteczki)... może się okazać, że taka ekstrapolacja jest równie błędna jak rozszerzenie pojęcia temperatury na cząsteczki wielkości cząsteczek" [21].

Literatura

1. Wenger L.A. Prędkość światła i teoria pola skrętnego. Journal of Forming Science Directions (Journal of Forming Science Directions), 2017, Ep. 15-16, s. 124-128. www.unconv-science.org/n15/venger.

2) Aronov R.A. On the Hypothesis of Space and Time Interruptions // Problems of Philosophy, 1957, No. 3, s. 80-92.

Aronow, R.A. Trzy światy mają człowieka (w języku rosyjskim) // Problemy filozofii, 2007, № 1, s. 106-114.

4) Aronow R.A. Do problemu uniwersalności przestrzeni i czasu // Problemy filozoficzne, 1974, № 2, s. 127-138.

5. Akchurin I. A. Niewyczerpalność materii głębinowej i współczesnej fizyki // Problemy filozoficzne, 1969, № 12, s. 25-36.

6. Akhundov M.D., Orudzhev Z.M. On the Unity of Continuity and Continuity of Space and Time // Problems of Philosophy, 1969, № 12, s. 53-61.

7. Barashenkov V. S. Fizyczne granice opisu czasoprzestrzeni // Problemy filozoficzne, 1973, № 11, s. 87-94.

8. Barashenkov V.S. Representations of Space and Time in Modern Physics // Philosophical Sciences, 1984, s. 33-40.

9. Blokhintsev D.I. Przestrzeń i czas w mikroświecie. Moskwa: Nauka, 1970. - 360c.

10. Vyaltsev A. N. Dyskretna czasoprzestrzeń. Moskwa: Nauka, 1965. - – 399 c.

11. Gott VS, Pereturin A. F. Do kwestii uniwersalności prawa o zachowaniu i przekształceniu energii // Nauki filozoficzne, 1963, № 2, s. 112-117.

12. Markov A.M. o naturze wiedzy fizycznej // Voprosy pravosti, 1947, nr 2, str. 140-176.

13. Markov A.A. Hyperons i K-mesons. Moskwa: Fizmatizdat, 1958. - – 343c. C. 301.

14. Markov M.A. Refleksja nad fizyką... M: Nauka, 1988. - – 301c.

15. Mospanenko A. M. Przestrzeń i czas w makro-, mega- i mikroświecie. M.: Politizdat, 1974. - – 240c.

16. Panchenko A. I. Zenon Aporias and Modern Philosophy // Problems of Philosophy, 1971, ¹ 7, s. 177-183.

17. Penrose R. Struktura czasoprzestrzeni. Moskwa: Świat, 1972. - – 184c.

18. Petrov, Yu. A. Kilka logicznych pytań na wyświetlaczu ruchu // Nauki filozoficzne, 1964, ¹ 2, s. 102-110.

19. Roman B. O hipotezach leżących u podstaw geometrii / O podstawach geometrii. Kolekcja klasycznych prac o geometrii Łobachewskiego i rozwoju jego idei. Moskwa: Państwowy Uniwersytet Literatury Technicznej i Teoretycznej, 1956. - – 540 c. C. 309-341.

20. Chudinow E. M. Przestrzeń i czas we współczesnej fizyce. M.: Wiedza, 1969. - – 48 c.

21. Einstein A. Geometria i doświadczenie. Rozszerzona prezentacja raportu na uroczystym spotkaniu Pruskiej Akademii Nauk w Berlinie 27 stycznia 1921 r. Petrograd: Wydawnictwo Naukowe Książki, 1923 r. - – 31 c.

2. Pamięć Anatolija Jewgienijewicza Akimowa

PRZETRWAŁ ZARÓWNO W CZASIE JAK I PRZESTRZENI.

Na pamiątkę Anatolija Jewgienijewicza Akimowa - Naukowca, Nauczyciel, Osoba.

19 lutego 2007 roku, w 69. roku życia, niespodziewanie po krótkiej chorobie, światowej sławy naukowiec, autor odkrycia naukowego, które radykalnie zmieniło teoretyczne pojęcia porządku światowego, twórca nowego naukowego paradygmatu trzeciego tysiąclecia, doktor nauk fizycznych i matematycznych, pracownik naukowy Rosyjskiej Akademii Nauk Przyrodniczych, pracownik naukowy Międzynarodowej Akademii Informacji (członek stowarzyszony Rady Społeczno-Gospodarczej ONZ), pracownik naukowy Międzynarodowej Akademii Technologii Bioenergetycznych (Ukraina) opuścił ziemską płaszczyznę istnienia.

Jasna pamięć o Naukowcu, Nauczycielu, Człowieku...

Anatol Jewgienijewicz Akimow jest wybitnym fizykiem naszych czasów. Wnieśli oni znaczący wkład w rozwój szeregu problemów i technologii naukowych (badanie fizycznych pól oceanów świata, badanie zasobów Ziemi metodami lotniczymi, inżynieria lotnicza i rakietowa, łączność satelitarna, globalne sieci i zespoły łączności, środki zwalczania amerykańskiego SSAS itp.) Jednak główną zasługą Naukowca było największe odkrycie w fizyce teoretycznej, które zasadniczo zmieniło nasze rozumienie otaczającego nas świata. Jest to odkrycie piątej fundamentalnej interakcji w fizyce, pola skrętnego dalekiego zasięgu. To pole ma niezwykłe właściwości. Jest on generowany przez spinowy lub kwantowy analog momentu obrotowego. Nie przenosi on energii, niesie informacje i rozprzestrzenia się z miliard razy większą prędkością niż światło. Jest to pole skrętne, pole informacyjne lub pole świadomości.

Nowy rodzaj zasięgu, piąta siła, od dawna zajmuje umysły największych fizyków na świecie, poczynając od Sir Isaaca Newtona. Na początku XX wieku, w 1913 roku, utalentowany francuski matematyk Elie Cartan przewidział istnienie w przyrodzie pól skrętnych. Wielki Einstein poświęcił ostatnie 35 lat swojego życia Zjednoczonej Teorii Polowej. I dopiero pod koniec XX wieku Genadiuszowi Iwanowiczowi Shipovowi udało się rozwiązać równania próżniowe, wprowadzając sześć dodatkowych współrzędnych obrotowych, i stworzyć Teorię Próżności Fizycznej. W teorii próżni pola skrętne są przedstawiane jako równania matematyczne.

A.E. Akimov był pierwszym naukowcem, który dokładnie i dogłębnie zbadał teoretycznie ten nowy typ interakcji i stworzył genialną Teorię pól skrętnych. Udało mu się to dzięki niezwykłemu podejściu do samej istoty fizycznej próżni jako jednego z poziomów Cienkiego Świata. W odróżnieniu od swoich poprzedników, którzy postrzegali próżnię jako chaotyczny "wrzący rosół" składający się z wirtualnych cząstek - par elektronowo-pozytonowych, fizyk Akimov prezentował próżnię w postaci uporządkowanych "fitonów", zagnieżdżonych w sobie pakietów falowych i samokompensujących się przez ładunek, masę i ... plecy! Fiton jest niezwykłym dualistycznym obiektem, który łączy "coś" (właściwości cząstek kwantowych) z "niczym" (skręt czasoprzestrzenny, który określa macierzysty moment obrotu tego obiektu, jego wiry). A wszystkie pola fizyczne (elektromagnetyczne, grawitacyjne, skręcające) są po prostu wzbudzonymi stanami próżni fizycznej na ładunku, masie i plecach odpowiednio. Teoria pól skrętnych była przełomem w fizyce teoretycznej i naturalną kontynuacją teorii próżni fizycznej.

Sam Anatolij Jewgienijewicz podkreślał w swoich pracach, że jest to tylko model. Ale ten model z powodzeniem po raz pierwszy w historii nauki połączył ducha i materiał, informację i materiał. Na podstawie tego modelu opracowano i opatentowano szereg technologii skręcania, które nie mają odpowiedników na świecie i obejmują prawie wszystkie dziedziny działalności człowieka - energię, transport, komunikację, materiały, biotechnologię, ekologię, rolnictwo, medycynę. Zwrócił również uwagę na ogromne różnice między polem elektromagnetycznym a skręcającym. Faktem jest, że równania pola elektromagnetycznego są liniowe i zawierają tylko sześć niezależnych składników. Równania pola skrętnego są nieliniowe i zawierają 24 niezależne komponenty. Oznacza to, że właściwości pól skrętnych są znacznie bogatsze, bardziej zróżnicowane i mogą być związane z różnymi zjawiskami fenomenalnymi.

Rosyjski naukowiec A.E. Akimow był pierwszą osobą w nauce światowej, która zasugerowała, że pojęcie pól skrętnych może być decydujące w wyjaśnianiu zjawisk parapsychologicznych. Przeprowadził on liczne eksperymenty i nie tylko naukowo, ale i praktycznie udowodnił, że zjawiska parapsychologiczne są odzwierciedleniem efektów działania pól skrętnych.

Na początku ubiegłego wieku Niels Bohr zasugerował, że przyszła fizyka powinna uwzględniać świadomość jako rzeczywistość fizyczną. Próby naukowców, a przede wszystkim fizyków, nie dawały na to nadziei. O takiej sytuacji zadecydował oczywisty, lecz ostro wyrażony fakt. Mianowicie: wiele zjawisk związanych ze świadomością, ani w agregatach, ani nawet oddzielnie, nie znalazło żadnych opisów na ścisłym poziomie naukowym. Grupa rosyjskich naukowców pod przewodnictwem A.E. Akimowa urzeczywistniła pomysł Bohra. Zajmowali się badaniami, które koncentrowały się na świadomości. Na podstawie prac prowadzonych wspólnie z psychologami i specjalistami w zakresie wyższej aktywności nerwowej, istniało nie tylko naukowe, teoretyczne, ale i eksperymentalne zrozumienie, że Myślenie i Świadomość człowieka mają pola skrętne jako materialny nośnik. Sam Anatolij Jewgienijewicz podaje następujące sformułowanie: "Świadomość i Myśl, a na granicy świata Umysł jest reprezentowany w Próżni Fizycznej (Pojedynczym Polu) nie abstrakcyjnie, ale poprzez konkretną istotę fizyczną - pola skrętne, jako stany polaryzacji Próżni Fizycznej... Świadomość jako struktura funkcjonalna obejmuje mózg i spolaryzowaną Próżnię Fizyczną w przestrzeni obok mózgu".

Świadomość i materia w zakresie pól skrętnych okazały się kategoriami nierozłącznymi. Z tych pozycji staje się oczywiste, że ludzka świadomość pełni rolę mediatora, łącząc wszystkie dziedziny świata materialnego i Świata Subtelnego. Tak więc, idea monady jako rodzaju "mikrocentaur" świadomości i materii, wyrażona przez Pitagorasa, znalazła swoje naukowe potwierdzenie dopiero 2500 lat później. Koncepcja świadomości Akimowa daje również odpowiedź na pytanie, które dręczyło Arystotelesa, czym jest świadomość i jak jest ona związana z ciałem.

Teoria pól skrętnych została opublikowana w genialnej monografii "Obraz fizyki i techniki na początku XXI wieku", która wytrzymała kilka wydań i została przetłumaczona na język angielski, francuski i arabski, a także w fundamentalnym artykule "Heurystyczne omówienie problemu poszukiwania nowego dalekiego zasięgu". Koncepcje EGS." Sama monografia jest niewielka objętościowo, jednak wyrażenie klasyki w pełni się do niej odnosi: "...tomy pierwszorzędnych cięższych tomów". Jest on bowiem napisany w wysoce poprawnym języku literackim, który charakteryzuje się zwięzłością, klarownością i zwięzłością prezentacji, typową, być może, tylko dla języka prozy Puszkina. Niesamowita i urzekająca jest zdumiewająca logika jego rozumowania, oddzielająca czytelnika od znanego mu świata grubej materii fizycznej i przenosząca go na wyższe i subtelniejsze poziomy rzeczywistości fizycznej.

Zjawiska psychofizyczne są opisane przez A.E. Akimova i jego pracowników w najciekawszych artykułach naukowych: "O fizyce i psychofizyce", "Komputery, mózg, wszechświat", "Świadomość, fizyka pól skrętnych i technologia skręcania" i wiele innych.

Żadna inna nauka nie ma tak wielkiej potrzeby ochrony i walidacji jak fizyka, ponieważ bada ona samą istotę otaczającej nas rzeczywistości - sam wszechświat, kosmos, a obiekty badań nie zawsze są dostępne do pomiaru. Najwyraźniej właśnie dlatego nie wszyscy naukowcy (z reguły krajowi) akceptują teorię pól skrętnych. Jednocześnie argumenty "przeciwko" są często przywoływane jako rzekome naruszenie prawa zachowania rozmachu i fałszywy fakt, że "pola skrętne nigdy nie były przez nikogo widziane".

Przeciwnicy nie mogą lub nie chcą zrozumieć, że w rzeczywistości nie ma sprzeczności. Po prostu w gęstościach rzędu plankovskikh, co jest charakterystyczne dla torsionnymi polami, działają inne prawa fizyczne, różne od praw mechaniki kwantowej. Rodzaj zakresu opartego na polach skrętnych ma charakter informacyjny. A spinowa polaryzacja próżni fitonowej prowadzi do wprowadzenia nowego typu prawa zachowania w fizyce, a mianowicie: prawa zachowania informacji. Teoria pól skrętnych jest często broniona przez zagranicznych fizyków, takich jak bułgarski fizyk teoretyczny Bozhidar Palushev w swojej pięknej monografii-bestseller "Fizyka Boga". Co do drugiego argumentu, jest on całkowicie nieprawdziwy. Już w połowie lat 90-tych w Rosji po raz pierwszy opracowano i otrzymano materiały wrażliwe na skręcanie oraz opracowano metody, które pozwalają na 100% powtarzalność mocowania pól skrętnych. Autorem tego wynalazku jest Mikołaj Konstantinowicz Karpow. Dzięki pracy wielu eksperymentatorów: V.V. Kasyanova, FA Okhatrina, VV. Yartseva - otrzymano wiele zdjęć (ponad 300), które pokazują wizualizację pól skrętnych z wyraźną rejestracją obrazu. Autor tych wierszy miał szczęśliwą okazję zapoznać się z tymi zdjęciami.

Wiedza o właściwościach pól skrętnych pozwoliła fizykowi AE Akimovowi, mimo ogromnych trudności i przeszkód, stworzyć unikalne urządzenie, które nie ma analogów na świecie, noszące jego imię - generator skrętny Akimov. Oto, jak sam o tym mówi: "Zrozumieliśmy: opór starego środowiska naukowego nie pozwala nam działać, jeśli staramy się pracować w jego ramach i staramy się znaleźć rozwiązania... Zwróciliśmy się do najbardziej wpływowych i dobrze finansowanych wówczas organizacji - Ministerstwa Obrony Narodowej i KGB ZSRR. W przededniu globalnego upadku kraju, w połowie 1986 roku, NI Ryzhkov napisał rezolucję w sprawie noty sprawozdawczej na temat perspektyw rozwoju technologii skrętnych: "Podjąć działania w celu zorganizowania pracy.

Od tego momentu rozpoczęło się wielkie wdrożenie technologii skręcania. Sam Anatolij Jewgeniewicz podjął kolosalne wysiłki, aby promować swój rozwój w oparciu o zupełnie inne zasady, wcześniej nieznane nauce. W wywiadzie udzielonym w 1995 r. powiedział: "Od 1986 r. poczyniliśmy spore postępy w naszym rozwoju. Dziesięć lat badań fizyków teoretycznych, inżynierów naszego centrum, naukowców z Instytutu Mechaniki Precyzyjnej i Optyki Sankt-Petersburga, Uniwersytetu Tomskiego i 120 innych instytutów naukowych Rosji poświęciliśmy na odkrycie głównego pytania: co jest tańsze i bardziej efektywne - nadajniki fal radiowych, nadajniki fal elektrycznych lub skrętnych i silniki skrętne. Teraz jest dla nas jasne, że wszystko, co skrętne, jest miliony i biliony razy bardziej wydajne, ekonomiczne, niezawodne niż to, co stosujemy obecnie. Widzieliśmy również, że użycie nowej siły jest możliwe wszędzie tam, gdzie "działa" elektryczność. Teraz możemy sobie dość dokładnie wyobrazić, jak będą rozmawiać w XXI wieku przez telefon skrętny, co usmażą jajka i dlaczego straszne słowa "cena benzyny" stracą swoją ostrość na zawsze. Kiedy naukowcy i inżynierowie wymyślą technologię skręcania i zastąpią tę, którą stosujemy dzisiaj, świat się zmieni. Spełni się marzenie o "zielonym", ziemia nie będzie już kaleką kamieniołomów i szybów naftowych. Do silnika skrętnego nie jest potrzebne żadne paliwo. Jego "serce" będzie obrotową częścią."

W 1986 roku, po raz pierwszy na świecie, informacja została przekazana metodą skrętną w Moskwie. A w okresie od 1989 do 1993 roku w Instytucie Problemów Materiałoznawstwa Akademii Nauk Ukrainy w pracach prowadzonych wspólnie z ISTC VENT, eksperymentalnie potwierdzono wpływ pól skrętnych na topienie metali. Naukowcy opanowali metody przekazywania ukierunkowanych informacji, tzn. uporządkowali materiały tak, jak się nimi stali. Innymi słowy, nauczyli się jak produkować materiały o określonych właściwościach.

W ciągu ostatnich 15 lat wysiłki ponad 150 organizacji wykazały naukowe i eksperymentalne możliwości realizacji technologii na bazie pól skrętnych praktycznie we wszystkich sferach działalności człowieka: materialistyka i medycyna, astronomia, geologia, rolnictwo, energetyka, informatyka. Instalacje i silniki oparte na zasadzie skręcania są w stanie osiągnąć wydajność do 1000%. Szczególnie obiecujący jest rozwój w zakresie wykorzystania fizycznej energii próżniowej. Jeden centymetr sześcienny próżni fizycznej zawiera tyle energii, że może zaspokoić światowe zapotrzebowanie na wszystkie rodzaje energii w ciągu dziesięciu lat.

Ponieważ technologie skręcania są coraz częściej rozwijane w różnych gałęziach przemysłu, pozycja nowego paradygmatu naukowego opartego na nowych teoriach fizycznych będzie się rozszerzać. Proces ten jest już w toku i przebiega dość aktywnie. Świadczą o tym ustalenia Klubu Rzymskiego Instytutu Studiów Strategicznych: technologia skręcania nie ma analogów na świecie. I dopiero w 1996 roku w USA, znacznie później niż w Rosji, rozpoczęto prace, które postawiły sobie za zadanie znalezienie sposobów na rozwój technologii skręcania.

W jednym ze swoich przemówień w 1996 roku, Anatoli Evgenievich powiedział: "Przez długi czas Rosja będzie monopolistą technologii skrętnych, co ostatecznie doprowadzi do zmiany w świecie całego systemu stosunków społeczno-gospodarczych i geopolitycznych, a także do fundamentalnej zmiany problemów bezpieczeństwa międzynarodowego. Zmiany te nieuchronnie nadejdą z Rosji i, paradoksalnie brzmiąc w warunkach naszej rzeczywistości, to właśnie Rosja ma wprowadzić świat w nową erę, zapewnić przejście do Nowej Rasy Ludzkości Ery Wodnika, zgodnie z przewidywaniami ezoteryków od wielu wieków". I jak nie pamiętać przepowiedni Maxa Haendla, dokonanych prawie sto lat temu: "Wraz z nadejściem Słońca na znak Wodnika, naród rosyjski i cała rasa słowiańska osiągnie stopień rozwoju duchowego, który przesunie ich daleko ponad ich obecny stan... Cywilizacja słowiańska będzie podstawą rozwoju szóstej rasy ludzkości". Teraz staje się jasne, że będzie on oparty na przełomowej, skrętnej, opartej na nowych zasadach fizycznych technologii.

A.E. Akimow jest pierwszym naukowcem w historii nauki światowej, który nie tylko połączył, ale naukowo uzasadnił jedność ideału i materiału, substancji i informacji, Ducha i Materii. Przed nim takie próby były podejmowane przez innych naukowców, zwłaszcza biologów i biofizyków, i miały na celu głównie wyjaśnienie istoty życia. Najjaśniejszym prekursorem tego kierunku był największy naukowiec XX wieku, laureat Nagrody Nobla w 1937 roku w dziedzinie fizjologii i medycyny, amerykański biofizyk Albert St. György. Jako pierwszy zwrócił uwagę, że drogą do wiedzy jest uwzględnienie zjawisk występujących w świecie elektronicznym. Kolejny niezwykły amerykański biofizyk Arthur M.

Yang nadał pierwszorzędną rolę w zjawiskach życia kwantowi pola elektromagnetycznego, fotonom, który nazwał "kwantem akcji", "parze stworzeń", "boskiemu popychaniu", które mają nielokalne właściwości, nieskończenie rozciągające się w przestrzeni i czasie. Słynny fizyk J.A. Wheeler, ulubiony uczeń A. Einsteina, również udzielił ścisłej interpretacji. Wierzył, że "kwant tworzenia" może czasem przekształcić się w podstawową jednostkę budulcową materii.

Ale tylko rosyjskim fizykom G.I. Shipovowi i A.E. Akimovowi pod koniec XX wieku udało się naukowo uzasadnić i stworzyć ścisłe fizyczne i matematyczne teorie fizycznych pól próżni i skręcania. Naukowo uzasadniły one i udowodniły istnienie najwyższych poziomów rzeczywistości, fizycznej próżni i pierwotnego pola skrętnego, które stanowią ów pierwotny materiał, Wielką Pustkę, z której WSZYSCY się rodzą i do której WSZYSCY powracają, a która opisana jest w starożytnych świętych źródłach tajemnej wiedzy (Księga Jian, Indyjska i Chińska Wedy, datowana na 4000-2000 lat p.n.e., itp.) W tym sensie wspomniane teorie są fundamentalne. W istocie, rosyjscy naukowcy A.E. Akimow i G.I. Shipov stworzyli "fizykę subiektywną" - fizykę wyższych poziomów rzeczywistości, gdzie prawem informacji jest działanie, a narzędziem poznania jest sam człowiek, jego świadomość. Dlatego postrzeganie nowych teorii zależy nie tylko od inteligencji, sumy wiedzy, ale także od poziomu ludzkiej świadomości, jego duchowości. Ponieważ współczesna społeczność intelektualna nie posiada tych ostatnich cech w ogólnej masie, zdarzają się indywidualne przypadki nieznajomości nowych teorii i nowej wiedzy, aż do deklaracji ich "pseudonauki", aż do agresywnej walki i walki nienaukowej, nieuzasadnionej, głośnej i wściekłej. Staje się bolesne, obraźliwe i wstydliwe, że w głowach naukowców i sąsiadów pojawia się tak bezwartościowy dualizm.

Istnieje wiele innych różnych teorii (lepton, psychon, maeon, tachion, flukson, zamiecie wirowe, itp.), ale nie są one ściśle naukowe, ale raczej albo przypadek prywatny, albo próba uzasadnienia tego samego tylko na innym języku i poziomie powierzchownym.

A.E. Akimov jest pierwszym naukowcem, który na podstawie swoich osiągnięć stworzył fizyczną podstawę wielu fundamentalnych koncepcji nauk duchowych - Agni-jogi, etyki życia, teozofii. Ostrzegał, że kardynalne pojęcia jakiejkolwiek doktryny duchowej wymagają bardzo ostrożnego traktowania i bardzo ważne jest, aby naukowiec zrozumiał samą dopuszczalność dyskusji nad aparatem pojęciowym tej lub innej doktryny duchowej, tj. samą możliwość dotknięcia wysokich prawd. W jego pięknej monografii "Żywa etyka, nauka, społeczeństwo" z nowych pozycji naukowych rozważane są problemy fizycznych podstaw świadomości i problemy interakcji duchowości, świadomości i cienkich ciał człowieka. W prostej i przystępnej formie w języku pojęć fizycznych, podstawowe pojęcia nauk Agni są określone: energia umysłowa, wibracje, Światło, ciała subtelne, Energia Ognista, Świat Ognisty, Iskry Fohata i inne. Po raz pierwszy są one naukowo uzasadnione i przedstawione w ścisłym sensie naukowym "drgania drobne" - częstotliwość ludzkiego pola skrętnego (bio-pola) w zakresie 1020-1040 Hz.

Naukowiec A.E. Akimov podkreślił, że na współczesnym etapie rozwoju cywilizacji, w okresie globalnych katastrof i kryzysu duchowego i gospodarczego, wiedza o Dobrym Świecie jest bardzo ważna. W jednym ze swoich przemówień, powiedział: "To, co i jak się stanie z Ziemią i wspólnotą ludzką, jest w niemałym stopniu zależne od samych ludzi". Dokładniej mówiąc, poprawność - adekwatność ich uporządkowania i zachowania będzie określona miarą świadomości każdego i wszystkich Planów Najwyższego (Rozsądnego Kosmosu)... Priorytetem w Globalnym Kosmicznym Procesie Ewolucji uporządkowania na planie Eterycznym, jako główny warunek wszelkich zmian na planie fizycznym... Człowiek może wykorzystać tę wiedzę w dwóch przypadkach - albo zaakceptuje rzeczywistość Eterycznego Świata na poziomie Wiary, albo zaakceptuje ją na poziomie Wiedzy. Percepcja na poziomie wiedzy wymaga dowodu, a jest to dziedzina nauki. Naukowiec Akimow rozumiał tę wiedzę, Nauczyciel Akimow przekazał ją ludziom.

Anatoly hojnie dzielił się swoją wiedzą ze wszystkimi, którzy jej poszukiwali. Wykładał na uniwersytetach, uczelniach, w różnych organizacjach, szkołach i uczelniach. Uczestniczył i organizował liczne konferencje, seminaria, sympozja, w tym międzynarodowe. Podróżował po całej Rosji - Uralu, Syberii, Ałtaju, Dalekim Wschodzie. Został zaproszony do prawie i daleko za granicę. Współpracował z Akademią Nauk Ukrainy i wieloma instytutami w Kijowie, Charkowie, Dniepropietrowsku, Lwowie, a ostatnio także w Odessie.

Był niesamowicie jasnym, kulturalnym i inteligentnym człowiekiem w najwyższym stopniu. A przy tym prosty i dostępny w komunikacji, jasny i bardzo przyjazny. Naukowcy, duchowni i po prostu eksperci z wielu krajów świata - USA, Wielkiej Brytanii, Czech, Indii, Japonii, Korei, Bułgarii - przyszli do jego biura, na ulicę Baumańską w Moskwie. Przyjmował wszystkich, udzielał rad, pomagał z radami (i jakie!) wszystkim, bez względu na ich naukowe tytuły, rangi, posiadłości. Zawsze w swoich utworach, przemówieniach i rozmowach Anatol Jewgeniewicz wyróżnia się i podkreśla to, co zrobił Genadiusz Shipow i to, co zostało zrobione przez niego (dobry przykład dla współautorów!).

Niestety, nauka odeska z jakiegoś powodu przejrzała naukowca A.E. Akimowa. I tylko Dom-Muzeum Odessy... N.K. Roerich, niesamowity ośrodek duchowy, kulturalny i naukowy, miał z nim długotrwałe relacje. Dzięki dyrektorowi muzeum, wielkiej entuzjastce, ascetyczce i organizatorce Elenie Grigorievnie Petrenko i całemu wspaniałemu zespołowi pracowników, którzy wkładają wiele wysiłku w organizację takich spotkań, wizyty i wystąpienia Akimowa miały miejsce w Odessie. Dom-Muzeum. N.K. Roerich - jedyna organizacja nie tylko w Odessie, ale i na Ukrainie, która posiada najbardziej kompletny zbiór dzieł (książek, zbiorów, artykułów) i materiałów wideo z nagraniami wystąpień i wykładów Naukowca.

Ostatnia wizyta Anatolija Jewgeniewicza w Odessie z występami publicznymi przypadła na kwiecień 2003 roku. Wykładał na Narodowym Uniwersytecie I.I. Mechnikov Odessa, Państwowym Uniwersytecie Medycznym I.I. Mechnikov i Państwowym Uniwersytecie Medycznym I.I. Mechnikov. NI Pirogov, Uniwersytet Ekologiczny, Narodowa Akademia Komunikacji imienia N.I. Pirogova. A.S. Popov i House-Museum. N.K. Roerich.

Każdy wykład odbywał się w zatłoczonych salach i stanowił swoisty rodzaj świętej akcji. Słuchacze byli pod wrażeniem nadludzkiej wiedzy prelegenta w każdej dziedzinie nauk specjalnych, filozofii, ezoteryki, fenomenalnej pamięci, nienagannego języka i sposobu prezentacji, a także niezwykłej zdolności do przedstawienia najbardziej złożonego materiału w prostej i przystępnej formie. Niewątpliwie było to znaczące wydarzenie w życiu naukowym, kulturalnym i duchowym miasta, które na zawsze pozostanie w pamięci słuchaczy.

Autor tych wierszy miał rzadką okazję zaprezentować prace rosyjskich naukowców słowackim czytelnikom. Nowe teorie wzbudziły duże zainteresowanie i w niewiarygodnie krótkim czasie zostały szeroko rozpowszechnione wśród naukowców, specjalistów, nauczycieli, zwłaszcza fizyków. Są one czytane, podziwiane, studiowane, tłumaczone na język słowacki. Najjaśniejszymi zwolennikami i zwolennikami nowych teorii są kandydaci nauk psychofizycznych Jan Kerestes, profesor Olga Yanotova, profesor Jan Ushiak, dr Sonja Ostrovska oraz przedstawiciel bardzo młodego pokolenia Tomasz Ushiak, dla którego nowe teorie stały się gwiazdą przewodnią. Na Słowacji przygotowywane było spotkanie z naukowcem...

Poruszając kwestię teorii pól skrętnych i osobowości jej twórcy, przypominamy linie poświęcone Mikołajowi Kopernikowi, które można w pełni przypisać genialnemu rosyjskiemu fizykowi A.E. Akimowowi:

Rozumowanie opierało się na

To nowa i niezwykła zasada.

A świat rzeczy otworzył się posłusznie...

Przed nim jest niezliczona ilość tajemnic.

Wiele tajemnic Dobrego Świata, Świadomości, Umysłu, Intelektu zostało rozwiązanych przez naukowca Akimowa. A przed nim (i przed nami) były następujące odkrycia: zbiorowe pola skrętne, informacyjne (duchowe) podmioty za nimi, wielowymiarowa logika i wiele innych.

H.E. Blavatskaia zwraca uwagę, że zmiana rdzennej rasy ludzkości jest stopniowa i w środowisku istniejącej rodzą się przedstawiciele nadchodzącej rasy rdzennej, bardziej rozwiniętej i zaawansowanej duchowo. Tak pojawił się A.E. Akimov.

W tym sensie doświadczył zarówno czasu jak i przestrzeni, tej "czasoprzestrzeni", którą zamknął w swoim małym fitonie i starał się przybliżyć nas do zrozumienia, że rzeczywistość jest inna, bardziej subtelna i wieloaspektowa niż otaczająca nas rzeczywistość.

FAITNESS

W swoich badaniach większość czasu spędzam na studiowaniu literatury, a więc spędzam dużo czasu w bibliotekach. Jestem szczególnie wdzięczny Narodowej Bibliotece Naukowej w Odessie, gdzie pracuję jako czytelnik od wielu lat. Poszukiwanie źródeł naukowych rozpoczyna się od katalogu.

Jestem niezmiernie wdzięczna Susannie Davidovnie Muller, od wielu lat proszonej o pomoc. Jej doskonała znajomość katalogu pozwala na szybkie i dokładne znalezienie dowolnego źródła. Jestem jej również bardzo wdzięczny za ciekawe, inspirujące rozmowy o przestrzeni i czasie.

Depozyt książek odgrywa bardzo ważną rolę w pracy biblioteki. Podziwiam pracę pracowników magazynu, ich wyjątkową wiedzę na temat magazynów i ich lokalizacji. Dostawa literatury do czytelnika jest bardzo szybka. Dziękuję wszystkim pracownikom magazynu, a szczególnie Ivanova Marina, Antonyuk Dmitry, Chinarov Dmitry, Golovanenko Dmitry. Wszyscy oni zasługują na najwyższe oceny za swoją pracę.

Każdy czytelnik spędza większość swojego "czasu bibliotecznego" w czytelni. Odeska Narodowa Biblioteka Naukowa posiada kilka czytelni. Główną z nich jest duża czytelnia, którą słusznie można nazwać dziełem sztuki architektonicznej. Zachowuje ona atmosferę nauki z minionych wieków do dnia dzisiejszego. Praca w tej sali jest łatwa i przyjemna, bardzo duża przestrzeń sali, nasycona informacjami, pomaga zrozumieć wysokie prawdy naukowe. Niski ukłon i wdzięczność dla całego personelu za wzorowy porządek w tym sercu biblioteki.

Większość czasu musiałem pracować w pokoju retro, w sali czasopism. Jest to mała, skromna i bardzo przytulna sala, w której panuje harmonia łaski i piękna. Wraz z prastarymi, wielowiekowymi, pożółkłymi od czasu do czasu publikacjami (gazety, czasopisma, książki) pojawiają się nowoczesne wydania nowych gazet i nowych magazynów. Idealny porządek, udane rozmieszczenie schowków, kwiatów i stała nieskazitelna czystość czynią tę salę niezwykle piękną, jasną i bardzo wygodną dla czytelnika. Oczywiście, wszystko to jest wynikiem pracy i odpowiedzialności pracowników tej hali. Wyrażam głęboką wdzięczność Kantarzowej Lubow Pietrownej, Larysie Daniłownej Łysence, Ludmile Georgijewnej Bajwowskiej za wysoki profesjonalizm, wzorowy porządek, serdeczną gościnność, za stałą uwagę i życzliwość.

Niestety, nie sposób wymienić wszystkich pracowników Odeskiej Narodowej Biblioteki Naukowej. Wszystkim z was, imieniem i nazwiskiem, serdecznie dziękuję.

Dziękuję mojemu rodakowi, Kandydatowi Biologii, asystentowi Kliniki Chorób Wewnętrznych Łazuki Anastazji Anatoliewnej (USA, Denver) za ciekawe rozmowy i korespondencję informacyjną na temat problemów ewolucji biologicznej i świadomości w ciągu tych lat.

Jestem wiecznie wdzięczny szlachcicowi, prawnikowi, przedsiębiorcy, osobie publicznej Siergiejowi Wiktorowiczowi Shepelowi za jego wysokie zainteresowania naukowe i wsparcie finansowe.

Wyrażam głęboką wdzięczność Wydawnictwu Akademickiemu LAMBERT za jego wysoki profesjonalizm, nienagannie przejrzysty i dobrze zorganizowany proces wydawniczy, wysoki poziom dyscypliny i terminowość w kontaktach z autorami, a także za zachowanie praw autorskich. Same książki są piękne, wydane z duszą, z podziwem i podziwem! Wszystko to budzi głęboki szacunek dla Wydawnictwa Akademickiego LAMBERT i ogromne pragnienie dalszej współpracy.

I wreszcie ogromne podziękowania dla Redakcji, szanownej Anny Paul za jej nieocenioną pomoc, szczegółowe wyjaśnienia, życzliwość, zrozumienie i wysoką kulturę komunikacji, co znacznie ułatwia autorowi całego procesu wydawniczego.

Kolibri 360 GmbH
Ferdinand-Jühlke-Straße 7
99095 Erfurt, Deutschland
produktsicherheit@kolibri360.de

Druck:
CPI Druckdienstleistungen GmbH
im Auftrag der
Kolibri 360 GmbH
Ferdinand-Jühlke-Str. 7
99095 Erfurt